江苏省水利工程
安全风险公告牌图集

本书编写组◎编

·南京·

图书在版编目(CIP)数据

江苏省水利工程安全风险公告牌图集 / 本书编写组
编. -- 南京：河海大学出版社，2024.1
　ISBN 978-7-5630-8890-4

　Ⅰ. ①江… 　Ⅱ. ①本… 　Ⅲ. ①水利工程－安全管理－
风险管理－江苏－图集 　Ⅳ. ①TV513－64

　　　中国国家版本馆 CIP 数据核字(2024)第 018595 号

书　　名	**江苏省水利工程安全风险公告牌图集**	
书　　号	ISBN 978-7-5630-8890-4	
责任编辑	卢蓓蓓	
特约校对	李　阳	
封面设计	张育智　吴晨迪	
出版发行	河海大学出版社	
地　　址	南京市西康路 1 号(邮编:210098)	
电　　话	(025)83737852(总编室)	
	(025)83722833(营销部)	
	(025)83786934(编辑室)	
经　　销	江苏省新华发行集团有限公司	
排　　版	南京布克文化发展有限公司	
印　　刷	南京工大印务有限公司	
开　　本	880 毫米×1230 毫米　1/16	
印　　张	14.25	
字　　数	280 千字	
版　　次	2024 年 1 月第 1 版	
印　　次	2024 年 1 月第 1 次印刷	
定　　价	160.00 元	

本书编写组

主　　任：顾明如

副 主 任：杨　斌　汤应来

编　　写（施工类）：

陈　娟　徐红兵　杨国庆　潘延平　李　轩

戴海军　王　烨　刘占午　鲍海兵　张　珂

李天翔　李星仪

（运行类）：

洪国喜　张　宇　刘红伟　陆红芳　陈运杰

何　伟　张　瑾　尚晓君　王　靓　王文星

程　旺　张纯杰　何　清　戴晓霞　蔡国杰

主编单位：江苏省水利建设工程有限公司

江苏省太湖地区水利工程管理处

前　言

为全面构建水利安全生产风险管控"六项机制"，建立健全风险公告制度，让进入水利工作风险区域内的从业人员和外来人员清晰掌握安全风险的基本情况及防范、应急措施，减少事故隐患产生，有效遏制生产安全事故发生，江苏省水利建设工程有限公司、江苏省太湖地区水利工程管理处、江苏省水利厅监督处联合开展了《江苏省水利工程安全风险公告牌图集》水利科技项目研究（项目编号：2022066），根据水利科技项目研究成果和初步应用情况，江苏省水利建设工程有限公司和江苏省太湖地区水利工程管理处组织有关人员对《江苏省水利工程安全风险公告牌图集》进行了修编。

图集共分为8章，具体参加编写者如下。

水利工程施工类公告牌：顾明如、杨斌、汤应来、陈娟、徐红兵、杨国庆、潘延平、李轩、戴海军、王烨、刘占午、鲍海兵、张珂、李天翔、李星仪。

水利工程运行类公告牌：洪国喜、张宇、刘红伟、陆红芳、陈运杰、何伟、张瑾、尚晓君、王靓、王文星、程旺、张纯杰、何清、戴晓霞、蔡国杰。

图集编制期间，江苏省水利建设工程有限公司、江苏省太湖地区水利工程管理处多次组织研讨、修订，江苏省水利工程建设局工务（安监）处杨国平、江苏省淮沭新河管理处肖怀前、江苏省洪泽湖水利工程管理处徐铭、江苏省江都水利工程管理处叶建琴、连云港市石梁河水库管理处束德方、江苏省水利建设工程有限公司章根兴（退休）等专家对图集编制工作给予了大力支持和帮助，在此表示衷心感谢！

图集结合江苏省水利工程实际，以现行安全生产法律法规和规范标准为依据，对水利工程施工和水利工程泵站、水电站、水闸、水库、堤防运行中的危险源安全风险公告牌和岗位风险告知卡进行了编制，给出了安全风险公告牌、公告栏、空间分布图和岗位风险告知卡布局样式模板，针对性、实用性强，可供广大水利安全生产工作者参考使用。

由于时间仓促、编写者水平有限，本图集难免存在疏漏，可能存在个别理解深度不够、描述不够准确等情况，敬请读者谅解并提出宝贵意见。

编写组
2023 年 5 月

目 录

1 概述

1.1 范围

本图集规定了本省水利工程施工与运行安全风险公告牌的内容、版面、制作、设立、管护。

本图集主要应用于本省水利工程施工与运行安全风险公告牌的设置。

1.2 规范性引用文件

下列文件中的内容通过文中的规范性引用而构成本文件必不可少的条款。其中,注日期的引用文件,仅该日期对应的版本适用于本文件;不注日期的引用文件,其最新版本(包括所有的修改单)适用于本文件。

GB 6441《企业职工伤亡事故分类》

GB 2894《安全标志及其使用导则》

GB 13851《内河交通安全标志》

GB/T 13861《生产过程危险和有害因素分类与代码》

GB/T 23827《道路交通标志板及支撑件》

GB/T 30948《泵站技术管理规程》

CJJ 149《城市户外广告设施技术规范》

SL 398《水利水电工程施工通用安全技术规程》

SL 399《水利水电工程土建施工安全技术规程》

SL 400《水利水电工程机电设备安装安全技术规程》

SL 401《水利水电工程施工作业人员安全操作规程》

SL 714《水利水电工程施工安全防护设施技术规范》

SL 721《水利水电工程施工安全管理导则》

SL 75《水闸技术管理规程》

SL 210《土石坝养护修理规程》

SL 230《混凝土坝养护修理规程》

SL 551《土石坝安全监测技术规范》

SL 601《混凝土坝安全监测技术规范》

SL 260《堤防工程施工规范》

SL/T 595《堤防工程养护修理规程》

SL/T 780《水利水电工程金属结构制作与安装安全技术规程》

SL/T 794《堤防工程安全监测技术规程》

SL/T 171《堤防工程管理设计规范》

SL/Z 679《堤防工程安全评价导则》

NB/T 35021《水电站调压室设计规范》

DB32/T 3839《水闸泵站标志标牌规范》

DL/T 1259《水电厂水库运行管理规范》

《水库大坝安全鉴定办法》(水建管〔2003〕271 号)

《堤防运行管理办法》

《江苏省泵站技术管理办法》

《江苏省水闸技术管理办法》

《江苏省水库技术管理办法》

《水利部关于开展水利安全风险分级管控的指导意见》(水监督〔2018〕323 号)

《水利水电工程施工危险源辨识与风险评价导则(试行)》(办监督函〔2018〕1693 号)

《水利水电工程(水库、水闸)运行危险源辨识与风险评价导则(试行)》(办监督函〔2019〕1486 号)

《水利水电工程(水电站、泵站)运行危险源辨识与风险评价导则(试行)》(办监督函〔2020〕1114 号)

《水利水电工程(堤防、淤地坝)运行危险源辨识与风险评价导则(试行)》(办监督函〔2021〕1126 号)

《水利部关于印发构建水利安全生产风险管控"六项机制"的实施意见的通知》(水监督〔2022〕309 号)

《省水利厅办公室关于转发水利部构建安全生产风险管控"六项机制"实施意见的通知》(苏水办督〔2022〕10 号)

《水利部监督司关于印发构建水利安全生产风险管控"六项机制"工作指导手册(2023 年版)的通知》(监督安函〔2022〕56 号)

《省水利厅关于印发构建江苏水利安全生产风险管控"六项机制"实施细则的通知》(苏水督〔2023〕1 号)

1.3 术语和定义

下列术语和定义适用于本图集。

1.3.1 水利水电工程

为了控制、调节和利用自然界的地面水和地下水,以达到除害兴利的目的而兴建的各种工程。水利水电工程按其服务对象可以分为防洪工程(堤防、水库、蓄滞分洪区、涵闸、排水工程等)、农田水利工程(灌溉工程)、水力发电工程、航运及城市供水、排水工程。

泵站

以电动机或内燃机为动力机的抽水装置及其辅助设备和配套建筑物所组成的工程设施,也称为抽水站。

水电站

将水能转换成电能的各种建筑物和设备的综合体,也称为水力发电站。

水闸

修建在河道和渠道上利用闸门控制流量和调节水位的低水头水工建筑物。不设胸墙的称为开敞式水闸,设置挡水胸墙的称为胸墙式水闸。

水库

用于拦洪蓄水和调节水流的水利工程建筑物。在山沟或河流的狭口处建造拦河坝形成的人工湖泊。

堤防

建于河岸、港口,以土石等堆筑成的建筑物。可防止洪水泛滥、外来波浪侵蚀和泥沙的淤积。

1.3.2　安全风险

安全事故(事件)发生的可能性与其后果严重性的组合。安全风险等级从高到低划分为重大风险、较大风险、一般风险和低风险,分别用红、橙、黄、蓝四种颜色标示。

1.3.3　危险源

水利工程施工、运行危险源(以下简称"危险源")是在水利工程施工、运行管理过程中有潜在能量和物质释放危险的,可造成人员伤亡、健康损害、财产损失、环境破坏,在一定的触发因素作用下可转化为事故的部位、区域、场所、空间、岗位、设备及其位置。危险源分两个级别,分别为重大危险源和一般危险源。

1.3.4　安全风险公告牌

设置在危险源旁边,载明危险源名称、等级、位置、可能引发的事故隐患类别、事故后果、管控措施、应急措施及报告方式等内容,具有安全警示提醒、信息公开、应急知识宣传等功能的设施。单个危险源可采用安全风险公告牌进行告知。

1.3.5　安全风险公告栏

设置在工程项目或重点区域进口,载明危险源、位置、类别、级别、风险等级、责任人及报告方式等内容,具有安全警示提醒、信息公开、应急知识宣传等功能的设施。对于工程项目或重点区域内多个风险等级为重大风险和较大风险的危险源可采用安全风险公告栏进行集中告知。

1.3.6　岗位风险告知卡

用于告知员工其工作岗位所涉及的安全、健康、劳动保护等风险信息的一种卡片或文件。主要包括岗位名称、本岗位涉及的危险源、事故诱因、可能导致的后果、安全操作要点以及风险防范、应急处置措施、报告电话等内容。

1.4　公告牌内容

1.4.1　公告牌应载明下列内容:

a) 危险源名称、级别、风险等级、位置、评价时间;

b) 安全风险可能引起的事故类型及事故诱因、管控措施、应急措施、安全标志;

c) 安全风险分级管控责任单位、责任人、报告方式等内容。

1.4.2　公告牌名称:

a) 安全风险公告牌;

b) 安全风险公告栏;

c) 安全风险空间分布图;

d) 岗位风险告知卡。

1.4.3　施工责任单位分别为:项目法人、监理单位、施工单位。

1.4.4　运行责任单位分别为:管理单位、基层站所、班组、岗位。

1.4.5　多个安全标志一起设置时,从左到右、从上到下应按警告、禁止、指令、提示类型依次排序。

1.5　公告牌版面

1.5.1　公告牌的版面宽高比宜采用2:3、5:3、2:1样式,建议版面尺寸为600 mm×900 mm、

1 500 mm×900 mm、2 400 mm×1 200 mm。

1.5.2 公告牌版面尺寸宜符合下列要求：

a) 横向长方形的高不小于 0.9 m；

b) 竖向长方形的高不小于 0.9 m。

1.5.3 版面的布局应美观、紧凑，色彩应亮丽、协调。

1.5.4 版面顶部左侧为单位 LOGO 及单位（工程名称），第二行中间为公告牌名称。

1.5.5 版面中部布设危险源名称、级别、风险等级、位置、评价时间、事故类型、事故诱因、管控措施、应急措施、分级管控责任单位、责任人、报告电话等文字和安全标志等图片。文字、图片居中布置。

1.5.6 公告牌版面布局样式见附录 A、附录 B。

1.6 公告牌制作

1.6.1 公告牌可采用落地式、附着式或多媒体电子屏。公告牌中风险等级、评价时间、责任人宜做成活动牌，以便于更换。

1.6.2 落地式公告牌应符合下列要求：

a) 牌体采用立柱面板结构，面板可采用框架面板或滑槽面板；

b) 立柱采用钢管等材料，满足抗风、抗弯要求；

c) 框架面板或滑槽面板，采用不锈钢、铝板等材料；

d) 立柱与面板采用焊接、栓接方式连接，连接应牢固；

e) 面板下缘与地面之间适当留空；

f) 公告牌的结构符合 GB/T 23827 的要求，金属材料符合 CJJ 149 的要求；

g) 版面采用户外车贴，或采用平板 UV 打印，内容清晰，附着良好。

1.6.3 附着式公告牌应符合下列要求：

a) 牌体采用的材料要满足耐久性要求；

b) 版面下缘与地面之间适当留空；

c) 版面文字可采用户外车贴或喷绘，内容清晰，附着良好。

1.7 公告牌设立

1.7.1 公告牌应设立在危险源旁边安全醒目、方便阅读了解的位置，不应影响人员、车辆的通行和安全，公告牌前不得放置妨碍认读的障碍物。

1.7.2 落地式公告牌一般采用直埋式架立，立柱埋设深度应满足抗风、抗倾覆要求；附着式公告牌采用粘贴、铆钉等方式附着，四周用结构胶封闭，连接牢固。

1.7.3 公告牌架立后，应检查公告牌的完好性、内容的准确性，检查垂直度、水平度、平整度、清洁度。

1.8 公告牌管护

1.8.1 公告牌由设置单位负责管护。

1.8.2 定期对公告牌进行检查，清理周边环境，保持版面整洁，做好记录。

1.8.3 公告牌完好性出现问题时，应及时修复或重置。

1.8.4　公告内容发生变化,应及时更新。内容变化较少的,可局部更新;内容变化较多的或多处多次局部更新的,应整版更新。

1.9　一般规定

1.9.1　水利工程危险源安全风险公告牌主要分为施工管理类和运行管理类两类,其中水利工程运行管理类危险源安全风险公告牌包括:泵站运行危险源安全风险公告牌、水电站运行危险源安全风险公告牌、水闸运行危险源安全风险公告牌、水库运行危险源安全风险公告牌、堤防运行危险源安全风险公告牌。

1.9.2　根据《水利水电工程施工危险源辨识与风险评价导则(试行)》《水利水电工程运行危险源辨识与风险评价导则(试行)》对工程施工、运行管理危险源进行辨识与风险评价,危险源风险评价方法主要有直接评定法、作业条件危险性评价法(LEC法)、风险矩阵法(LS法)等。其中符合重大危险源清单的,可直接判定为重大危险源。重大危险源风险等级直接评定为重大风险;对于工程施工、工程维修养护等作业活动或工程管理范围内可能影响人身安全的一般危险源,评价方法推荐采用作业条件危险性评价法(LEC法)。对于可能影响工程正常运行或导致工程破坏的一般危险源,应由管理单位不同管理层级以及多个相关部门的人员共同进行风险评价,评价方法推荐采用风险矩阵法(LS法)。

1.9.3　水利工程建设项目法人和勘测、设计、施工、监理等参建单位和工程运行管理单位是危险源辨识、风险评价和管控的主体,应全方位、全过程开展危险源辨识与风险评价,对危险源实施动态管理,及时掌握危险源的状态及其风险的变化趋势,实时更新危险源及其风险等级。

1.9.4　根据辨识与风险评价结果设置对应危险源安全风险公告牌或安全风险公告栏。

1.9.5　重大危险源和风险等级为重大的一般危险源应建立专项档案,并报主管部门备案。

1.9.6　管控责任单位针对风险的特点,从组织、制度、技术、应急等方面,制定并落实具体防护措施,综合运用隔离危险源、采取技术手段、实施个体防护、设置监控设施等手段,达到监测、消除、降低和控制风险的目标,确保安全风险始终处于受控范围内。

1.9.7　根据导则要求按照风险等级实行分级管控。

重大风险:工程施工类由项目法人组织监理单位、施工单位共同管控,主管部门重点监督检查。运行管理类由管理单位主要负责人管控,上级主管部门重点监督检查。必要时管理单位应报请上级主管部门协调相关单位共同管控。

较大风险:工程施工类由监理单位组织施工单位共同管控,项目法人监督。运行管理类由管理单位分管运行管理或有关部门的领导组织管控,分管安全管理部门的领导协助主要负责人监督。

一般风险:工程施工类由施工单位管控,监理单位监督。运行管理类由管理单位运行管理部门或有关部门负责人组织管控,安全管理部门负责人协助其分管领导监督。

低风险:工程施工类由施工单位管控,监理单位监督。运行管理类由管理单位有关班组或岗位自行管控。

1.9.8　工程建设参建单位、运行管理单位要根据危险源及风险等级动态确定管控责任人员,确定管控措施,应急措施和排查频次、要求。

1.10　其它说明

1.10.1　安全风险公告牌应设立在危险源旁边安全醒目位置;安全风险公告栏、安全风险空间分布图应设立在施工现场主入口或重点区域的安全醒目位置;岗位风险告知卡以卡片或手册形式发给岗位工人,亦可放置在岗位醒目位置。

1.10.2　安全风险公告牌、公告栏及告知卡中一般危险源的风险等级栏应根据现场实际评价结果填写,并标示对应颜色。

1.10.3　安全风险公告牌中位置栏应根据工程现场或运行实际部位进行填写。

1.10.4　安全风险公告牌中虽涉及安全标志,但现场仍应按相关规定设置明显的安全警示标志。

1.10.5　有条件的施工单位和运行管理单位可在安全风险公告牌顶部右侧设置二维码,包含应急预案、防汛抢险物资调运等信息,确保本单位从业人员和进入风险工作区域的外来人员掌握风险详细的防范、应急措施,以减少事故隐患产生,有效遏制生产安全事故发生。

2　水利工程施工危险源安全风险公告牌

水利工程施工危险源安全风险公告牌主要包括重大危险源安全风险公告牌和一般危险源安全风险公告牌。

2.1　水利工程施工重大危险源安全风险公告牌

水利工程施工重大危险源分五个类别,分别为施工作业类、机械设备类、设施场所类、作业环境类和其它类,各类别的辨识与评价对象主要有:

施工作业类:明挖施工,洞挖施工,其它单项工程等。

机械设备类:运输车辆,特种设备,起重吊装及安装拆卸等。

设施场所类:存弃渣场,基坑,围堰等。

作业环境类:不良地质地段,超标准洪水,有毒有害气体及有毒化学品泄漏环境等。

其它类:野外施工,消防安全,营地选址等。

水利工程施工重大危险源安全风险公告牌见图例 SGZD001～SGZD041。

安全风险公告牌

危 险 源	滑坡地段的开挖	事故类型
级　别	重大危险源	1 坍塌
风险等级	重大风险	2 物体打击
位　置		3 机械伤害
评价时间		

事故诱因

1 未编制专项施工方案或方案未按规定进行审查论证;
2 未按审批的方案实施或擅自修改方案,未对方案实施情况进行监督巡查;
3 未按规定进行安全技术交底,未落实安全防范措施;
4 未对机械设备进行进场验收,未按安全操作规程作业,未持证上岗;
5 未配备或未正确使用劳动防护用品;
6 未设置必要的安全围栏和警示标志,无专职人员监护

安全标志

当心塌方　当心落物　当心机械伤人　禁止堆放　必须戴安全帽　必须证上岗

管控措施

1 编制专项施工方案,按规定进行审查论证;
2 严格按审批的方案组织实施,并对方案的落实情况进行检查;
3 组织安全技术交底,落实安全防范措施;
4 严格执行机械设备进场验收,严格执行安全操作规程,按规定持证上岗;
5 应按作业要求配备和正确使用劳动防护用品;
6 设置必要的安全围栏和警示标志,安排专职人员监护

分级管控

责任单位	施工单位	监理单位	项目法人
责任人			
联系电话			

应急措施

1 当发现现险情迹象,应根据险情采取有效措施,组织消险或主动预避让;
2 当险情扩大事故发生时,应立即向现场负责人报告,应迅速启动现场处置方案,不得盲目施救;
3 迅速将伤者移至安全地带,根据伤情严重情况进行紧急救护,必要时拨打"120"电话,或直接用车送至就近医院救治(对受伤昏迷者可采取心肺复苏术以待专业医生救治);
4 现场进行警戒,疏散现场无关人员

图 2.1.1　SGZD001

安全风险公告牌

危 险 源	堆渣高度大于 10 m（含）的挖掘作业		事故类型
级　别	重大危险源		1 坍塌
风险等级	重大风险		2 物体打击
位　置			3 机械伤害
评价时间			

事故诱因

1 未编制专项施工方案或方案未按规定进行审查论证；
2 未按审批的方案变更或修改自行方案实施，未对方案实施情况进行监督巡查；
3 未按规定进行安全技术交底，未落实安全防范措施；
4 未对机械设备进行进场验收，未按安全操作规程作业，未持证上岗；
5 未配备或未正确使用劳动防护用品；
6 未设置必要的安全围栏和警示标志，无专职人员监护

管控措施

1 编制专项施工方案，按规定进行审查论证；
2 严格按审批的方案组织实施，并对方案的落实情况进行检查；
3 组织安全技术交底，落实安全防范措施；
4 严格执行机械设备进场验收，严格执行安全操作规程，按规定持证上岗；
5 应按作业要求配备和正确使用劳动防护用品；
6 设置必要的安全围栏和警示标志，安排专职人员监护

应急措施

1 当发现险情迹象，应根据险情采取有效措施，组织消险或主动预防避让；
2 当险情扩大事故发生时，应立即向现场负责人报告，应迅速启动现场处置方案，不得盲目施救；
3 迅速将伤者移至安全地带，根据伤情严重情况进行紧急救护，必要时拨打"120"电话，或直接用车送至就近医院救治（对受伤昏迷者可采取心肺复苏术以待专业医生救治）；
4 现场进行警戒，疏散现场无关人员

安全标志

当心塌方　当心落物　当心机械伤人　禁止堆放　必须佩戴安全帽　必须持证上岗

分级管控

责任单位	项目法人	监理单位	施工单位
责任人			
联系电话			

图 2.1.2 SGZD002

安全风险公告牌

危 险 源	土方边坡高度大于 30 m 或地质缺陷部位的开挖作业	事故类型	事故诱因
级　别	重大危险源	1 坍塌 2 物体打击 3 机械伤害	1 未编制专项施工方案或方案未按规定进行审查论证； 2 未按审批的方案实施或擅自修改方案，未对方案实施进行监督巡查； 3 未按规定进行安全技术交底，未落实安全防范措施； 4 未对机械设备进行进场验收，未按安全操作规程作业，未持证上岗； 5 未配备或未正确使用劳动防护用品； 6 未设置必要的安全围栏和警示标志，无专职人员监护
风险等级	重大风险		
位　置			
评价时间			

安全标志　当心塌方　当心滚物　当心机械伤人　禁止攀登　必须戴安全帽　必须持证上岗

管控措施

1 编制专项施工方案，按规定进行审查论证；
2 严格按审批过的方案组织实施，并对方案的落实情况进行检查；
3 组织安全技术交底，落实安全防范措施；
4 严格执行机械设备进场验收，严格执行安全操作规程，按规定持证上岗；
5 应按作业要求配备和正确使用劳动防护用品；
6 设置必要的安全围栏和警示标志，安排专职人员监护

应急措施

1 当发现险情迹象，应根据险情采取有效措施，组织消险或主动预防避让；
2 当险情扩大事故发生时，应立即向现场负责人报告，应迅速启动现场处置方案，不得盲目施救；
3 迅速将伤者移至安全地带，根据伤情严重情况进行紧急救护，必要时拨打"120"电话，或直接用车送至就近医院救治（对受伤昏迷迷者可采取心肺复苏术以待专业医生救治）；
4 现场进行警戒，疏散现场无关人员

分级管控	项目法人	监理单位	施工单位
责任单位			
责任人			
联系电话			

图 2.1.3　SGZD003

安全风险公告牌

危 险 源	石方边坡高度大于50 m(含)或滑坡地段的开挖作业	事故类型	事故诱因
级 别	重大危险源	1 坍塌 2 物体打击 3 机械伤害	1 未编制专项施工方案或方案未按规定进行审查论证; 2 未按审批的方案实施或擅自修改方案,未对方案实施情况进行监督巡查; 3 未按规定进行安全技术交底,未落实安全防范措施; 4 未对机械设备进行进场验收,未按安全操作规程作业,未持证上岗; 5 未配备或未正确使用劳动防护用品; 6 未设置必要的安全围栏和警示标志,无专职人员监护
风险等级	重大风险		
位 置			
评价时间			

安全标志

管控措施
1 编制专项施工方案,按规定进行审查论证; 2 严格按审批过的方案组织实施,并对方案的落实情况进行检查; 3 组织安全技术交底,落实安全防范措施; 4 严格执行机械设备进场验收,严格执行安全操作规程,按规定持证上岗; 5 应按作业要求配备和正确使用劳动防护用品; 6 设置必要的安全围栏和警示标志,安排专职人员监护

应急措施
1 当发现险情迹象,应根据险情采取有效措施,组织消险或主动预防避让; 2 当险情扩大事故发生时,应立即向现场负责人报告,迅速启动现场处置方案,不得盲目施救; 3 迅速将伤者移至安全地带,根据伤情严重情况进行紧急救护,必要时拨打"120"电话,或直接用车送至就近医院救治(对受伤昏迷者可采取心肺复苏术以待专业医生救治); 4 现场进行警戒,疏散现场无关人员

分级管控

责任单位	项目法人	监理单位	施工单位
责任人			
联系电话			

图2.1.4 SGZD004

安全风险公告牌

危　险　源	断面大于 20 m² 或单洞长度大于 50 m 及地质缺陷部位开挖	事故类型	事故诱因
级　　　别	重大危险源		1 未编制专项施工方案或方案未按规定进行审查论证； 2 未按审批的方案实施或擅自修改方案，未对方案实施进行监督巡查； 3 未按规定进行安全技术交底，未落实安全防范措施； 4 未设置通风、除尘、排水等设施，通风、检测不合格； 5 未对机械设备进行进场验收，未按安全操作规程作业，未持证上岗； 6 未配备或未正确使用劳动防护用品
风险等级	重大风险	1 冒顶片帮 2 物体打击 3 机械伤害	
位　　　置			
评价时间			
安全标志			管控措施
			1 编制专项施工方案，按规定进行审查论证； 2 严格按审批过的方案组织实施，并对方案的落实情况进行检查； 3 组织安全技术交底，落实安全防范措施； 4 严格执行"先通风、再检测、后作业"，通风、检测不合格不得作业； 5 严格执行机械设备进场验收，严格执行安全操作规程，按规定持证上岗； 6 应按作业要求配备和正确使用劳动防护用品
分级管控	项目法人	监理单位	施工单位
			应急措施
责任单位			1 当事故发生，危险区域人员应紧急疏散，立即向现场负责人报告事故情况并履行紧急救助，不得盲目施救； 2 迅速将伤者移至安全地带，根据伤情严重情况进行紧急救护，必要时拨打"120"电话，或直接用车送至就近医院抢救、治疗（对受伤昏迷者可采取心肺复苏术以待专业医生救治）； 3 现场进行警戒，疏散现场无关人员
责任人			
联系电话			

图 2.1.5　SGZD005－1

安全风险公告牌

危险源	地应力大于 20 MPa 或大于岩石强度的 1/5 或埋深大于 500 m 部位的作业	事故类型	事故诱因
级别	重大危险源	1 冒顶片帮 2 物体打击 3 机械伤害	1 未编制专项施工方案或方案未按规定进行审查论证； 2 未按审批的方案实施或擅自修改方案，未对方案实施情况进行监督巡查； 3 未按规定进行安全技术交底，未落实安全防范措施； 4 未设置通风、除尘、排水等设施，通风、检测不合格； 5 未对机械设备进行进场验收，未按安全操作规程作业，未持证上岗； 6 未配备或未正确使用劳动防护用品
风险等级	重大风险		
位置			
评价时间			
安全标志			管控措施
			1 编制专项施工方案，按规定进行审查论证； 2 严格按审批过的方案组织实施，并对方案的落实情况进行检查； 3 组织安全技术交底，落实安全防范措施； 4 严格执行"先通风、再检测、后作业"，通风、检测不合格不得作业； 5 严格执行机械设备进场验收，严格执行安全操作规程，按规定持证上岗； 6 应按作业要求配备和正确使用劳动防护用品
分级管控	项目法人	监理单位	施工单位
责任单位			应急措施
责任人			1 当事故发生，危险区域人员应紧急疏散，立即向现场负责人报告事故情况并履行紧急救助，不得盲目施救； 2 迅速将伤者安全移至安全地带，根据伤情严重情况进行紧急救护，必要时拨打"120"电话，或直接用车送至就近医院抢救，治疗（对受伤昏迷者可采取心肺复苏术以待专业医生救治）； 3 现场进行警戒，疏散现场无关人员
联系电话			

图 2.1.5 SGZD005－2

安全风险公告牌

危险源	洞室临近相互贯通时的作业;某一工作面爆破作业时相邻相邻洞室的施工作业			事故类型	事故诱因
级别				1 冒顶片帮 2 物体打击 3 机械伤害	1 未编制专项施工方案或方案未按规定进行审查论证; 2 未按审批的方案实施或擅自修改方案,未对方案实施情况进行监督巡查; 3 未按规定进行安全技术交底,未落实安全防范措施; 4 未设置通风、除尘、排水等设施,通风、检测不合格; 5 未对机械设备进行进场验收,未按安全操作规程作业,未持证上岗; 6 未配备或未正确使用劳动防护用品
风险等级	重大危险源	重大风险			
位置					
评价时间					
安全标志	当心顶面 当心落物 当心触电 当心坠落 当心中毒				管控措施
	必须戴安全帽 注意通风				1 编制专项施工方案,按规定进行审查论证; 2 严格按审批过的方案组织实施,并对方案的落实情况进行检查; 3 组织安全技术交底,落实安全防范措施; 4 严格执行"先通风、再检测、后作业",通风、检测不合格不得作业; 5 严格执行机械设备进场验收,严格执行安全操作规程,按规定持证上岗; 6 应按作业要求配备和正确使用劳动防护用品
分级管控	项目法人	监理单位	施工单位		应急措施
责任单位					1 当事故发生,危险区域人员应紧急疏散,立即向现场负责人报告事故情况并履行紧急救助,不得盲目施救; 2 迅速将伤者移至安全地带,根据伤情严重情况进行紧急救护,必要时拨打"120"电话,或直接用车送至就近医院抢救,治疗(对受伤昏迷者可采取心肺复苏术以待专业医生救治); 3 现场进行警戒、疏散现场无关人员
责任人					
联系电话					

图 2.1.5 SGZD005-3

安全风险公告牌

危险源	洞挖施工不能及时支护的部位		事故类型	1 冒顶片帮 2 物体打击 3 机械伤害
级　别	重大危险源			
风险等级	重大风险			
位　置				
评价时间				

事故诱因
1 未编制专项施工方案或方案未按规定进行审查论证； 2 未按审批的方案实施或擅自修改方案，未对方案实施情况进行监督巡查； 3 未按规定进行安全技术交底，未落实安全防范措施； 4 未设置通风、除尘、排水等设施，通风、检测不合格； 5 未对机械设备进行进场验收，未按安全操作规程作业，未持证上岗； 6 未配备或未正确使用劳动防护用品

管控措施
1 编制专项施工方案，按规定进行审查论证； 2 严格按批准的方案组织实施，并对方案的落实情况进行检查； 3 组织安全技术交底，落实安全防范措施； 4 严格执行"先通风、再检测后作业"，通风、检测不合格不得作业； 5 严格执行机械行安全作业验收、严格执行安全操作规程、按规定持证上岗； 6 应按作业要求配备和正确使用劳动防护用品

应急措施
1 当事故发生，危险区域人员应紧急疏散，立即向现场负责人报告事故情况并履行紧急救助，不得盲目施救； 2 迅速将伤者移至安全地带，根据伤情严重情况进行紧急救护，必要时拨打"120"电话，或直接用车送至就近医院抢救、治疗（对受伤昏迷者可采取心肺复苏术以待专业医生救治）； 3 现场进行警戒，疏散现场无关人员

安全标志

当心冒顶　当心落物　当心碰头人　当心中毒　必须戴安全帽　注意通风

分级管控	项目法人	监理单位	施工单位
责任单位			
责任人			
联系电话			

图 2.1.6 SGZD006

安全风险公告牌

危险源	隧洞进出口及交叉洞作业	事故类型	事故诱因
级别	重大危险源	1 冒顶片帮 2 物体打击 3 机械伤害	1 未编制专项施工方案或方案未按规定进行审查论证； 2 未按审批的方案实施或擅自修改方案，未对方案实施情况进行监督巡查； 3 未按规定进行安全技术交底，未落实安全防范措施； 4 未设置通风，除尘、排水等设施，通风、检测不合格； 5 未对机械设备进行进场验收，未按安全操作规程作业，未持证上岗； 6 未配备或未正确使用劳动防护用品
风险等级	重大风险		
位置			
评价时间			

安全标志	管控措施
当心冒顶　当心落物　当心触电伤人　当心中毒　必须戴安全帽　注意通风	1 编制专项施工方案，按规定进行审查论证； 2 严格按审批过的方案组织实施，并对方案的落实情况进行检查； 3 组织安全技术交底，落实安全防范措施； 4 严格执行"先通风 再检测 后作业"，通风、检测不合格不得作业； 5 严格执行机械设备进场验收，严格执行安全操作规程，按规定持证上岗； 6 应按作业要求配备和正确使用劳动防护用品

分级管控	项目法人	监理单位	施工单位	应急措施
责任单位				1 当事故发生，危险区域人员应紧急疏散，立即向现场负责人报告事故情况并履行紧急救助，不得盲目施救； 2 迅速将伤者移至安全地带，根据伤病严重情况进行紧急救护，必要时拨打"120"电话，或直接用车送至就近医院抢救，治疗（对受伤昏迷者可采取心肺复苏术以待专业医生救治）； 3 现场进行警戒，疏散现场无关人员
责任人				
联系电话				

图 2.1.7 SGZD007

安全风险公告牌

危 险 源	地下水活动强烈地段洞室开挖	事故类型	事故诱因
级 别	重大危险源		1 未编制专项施工方案或方案未按规定进行审查论证； 2 未按审批的方案实施或擅自修改方案，未对方案实施情况进行监督巡查； 3 未按规定进行安全技术交底，未落实安全防范措施； 4 未设置洞口防护棚，地下水十分活跃的地段开挖未做到先治水后治塌； 5 未对机械设备进行进场验收，未按安全操作规程作业，未持证上岗； 6 未配备或未正确使用劳动防护用品
风险等级	重大风险	1 透水 2 物体打击 3 机械伤害	
位 置			
评价时间			
安全标志			管控措施
			1 编制专项施工方案，按规定进行审查论证； 2 严格按审批过的方案组织实施，并对方案的落实情况进行检查； 3 组织安全技术交底，落实安全防范措施； 4 洞口应设置防护棚，地下水十分活跃的地段，应先治水后治塌； 5 严格执行机械设备进场验收，地下水十分活跃的地段，应执行安全操作规程，按规定持证上岗； 6 应按作业要求配备和正确使用劳动防护用品
分级管控			应急措施
责任单位	项目法人	监理单位	施工单位
责任人			1 当事故发生，危险区域人员应紧急疏散，立即向现场负责人报告事故情况并履行紧急救助，不得盲目施救； 2 迅速将伤者移至安全地带，根据伤情严重情况进行紧急救护，必要时拨打"120"电话，或直接用车送至就近医院抢救。治疗（对受伤或昏迷者可采取心肺复苏术以待专业医生救治）； 3 现场进行警戒，疏散现场无关人员
联系电话			

图 2.1.8 SGZD008

安全风险公告牌

危 险 源	一次装药量大于 200 kg（含）的爆破；雷雨天气的露天爆破作业；多作业面同时爆破		事故类型	
级　　别	重大危险源		1 火药爆炸 2 放炮 3 物体打击 4 坍塌	
风险等级	重大风险			
位　　置				
评价时间				

事故诱因

1 未编制专项施工方案或方案未按规定进行审查论证，未进行安全评估；
2 未按审批的方案实施或擅自修改方案，未对方案实施进行监督巡查；
3 未按规定进行安全技术交底，未落实安全防范措施；
4 未设置安全警戒线和警示标志，未明确安全距离；
5 未对爆破器材进行专人管理，未按爆破安全规程作业，未持证上岗；
6 未配备或未正确使用劳动防护用品

管控措施

1 编制专项施工方案，按规定进行审查论证；
2 严格按审批过的方案组织实施，并对方案的落实情况进行检查；
3 组织安全技术交底，落实安全防范措施；
4 明确安全距离，设置安全警戒线和警示标志；
5 明确专人对爆破器材进行管理，严格执行爆破安全规程；
6 应按作业要求配备和正确使用劳动防护用品，按规定持证上岗

应急措施

1 当事故发生，危险区域人员应紧急疏散，立即向现场负责人报告事故情况并开展紧急救助，不得盲目施救；
2 迅速将伤者移至安全地带，根据伤情严重情况进行紧急救护，必要时拨打"120"电话，或直接用车送至就近医院抢救、治疗（对受伤昏迷者可采取心肺复苏术以待专业医生救治）；
3 现场进行警戒、疏散现场无关人员

安全标志

当心爆炸　当心塌方　当心触电　当心有毒　禁止烟火　必须戴安全帽　必须按规程操作　必须持证上岗

分级管控

责任单位	项目法人	监理单位	施工单位
责任人			
联系电话			

图 2.1.9　SGZD009

安全风险公告牌

危险源	一次装药量大于50 kg（含）的地下爆破	事故类型	事故诱因
级　别	重大危险源	1 火药爆炸 2 放炮 3 物体打击 4 冒顶片帮	1 未编制专项施工方案或方案未按规定进行审查论证，未进行安全评估； 2 未按审批的方案实施或擅自修改方案，未对方案实施情况进行监督巡查； 3 未按规定进行安全技术交底，未落实安全防范措施； 4 未设置安全警戒线和警示标志，未明确安全距离； 5 未对爆破器材进行专人管理，未按爆破安全规程作业，未持证上岗； 6 未配备或未正确使用劳动防护用品
风险等级	重大风险		
位　置			
评价时间			

安全标志

	管控措施
当心爆炸　当心落物　当心触电 禁止烟火 必须戴安全帽　必须按程序操作　必须持证上岗	1 编制专项施工方案，按规定进行审查论证； 2 严格按审批过的方案组织实施，并对方案的落实情况进行检查； 3 组织安全技术交底，落实安全防范措施； 4 明确安全距离，设置安全警戒线和警示标志； 5 明确专人对爆破器材进行管理，严格执行爆破安全规程； 6 应按作业要求配备和正确使用劳动防护用品，按规定持证上岗

分级管控

责任单位	项目法人	监理单位	施工单位	应急措施
责任人				1 当事故发生，危险区域人员应紧急疏散，立即向现场负责人报告事故情况并履行紧急救助，不得盲目施救； 2 迅速将伤者移至安全地带，根据伤情严重情况进行紧急救护，必要时拨打"120"电话，或直接用车送至就近医院抢救，治疗（对受伤昏迷者可采取心肺复苏术以待专业医生救治）； 3 现场进行警戒，疏散现场无关人员
联系电话				

图 2.1.10　SGZD010

安全风险公告牌

危险源	斜井开挖的爆破作业	事故类型	事故诱因
级 别	重大危险源	1 火药爆炸 2 放炮 3 物体打击 4 冒顶片帮	1 未编制专项施工方案或方案未按规定进行审查论证，未进行安全评估； 2 未按审批的方案实施或擅自修改方案，未对方案实施进行监管巡查； 3 未按规定进行安全技术交底，未落实安全防范措施； 4 未设置安全警戒线和警示标志，未明确安全距离； 5 未对爆破器材进行专人管理，未按爆破安全规程作业，未持证上岗； 6 未配备或未正确使用劳动防护用品
风险等级	重大风险		
位 置			
评价时间			
安全标志		管控措施	
		1 编制专项施工方案，按规定进行审查论证； 2 严格按审批过程的方案组织实施，并对方案的落实进行检查； 3 组织安全技术交底，落实安全防范措施； 4 明确安全距离，设置安全警戒线和警示标志； 5 明确专人对爆破进行管理，严格执行爆破安全规程； 6 应按作业要求配备和正确使用劳动防护用品，按规定持证上岗	
分级管控		应急措施	
责任单位	项目法人	监理单位	施工单位
责任人			1 当事故发生，危险区域人员应紧急疏散，立即向现场负责人报告事故情况并履行紧急救助，不得盲目施救； 2 迅速将伤者移至安全地带，根据伤情严重情况进行紧急救护，必要时拨打"120"电话，或直接用车送至就近医院抢救、治疗（对受伤昏迷者可采取心肺复苏术以待专业医生救治）； 3 现场进行警戒、疏散现场无关人员
联系电话			

图 2.1.11 **SGZD011**

安全风险公告牌

危险源	竖井开挖的爆破作业	事故类型	事故诱因
级别	重大危险源	1 火药爆炸 2 放炮 3 物体打击 4 冒顶片帮	1 未编制专项施工方案或方案未按规定进行审查论证,未进行安全评估; 2 未按审批的方案实施或擅自修改方案,未对方案实施落实安全防范措施; 3 未按规定进行安全技术交底,未落实安全距离; 4 未设置安全警戒线和警示标志,未明确安全距离; 5 未对爆破器材进行专人管理,未按爆破安全规程作业,未持证上岗; 6 未配备或未正确使用劳动防护用品
风险等级	重大风险		
位置			
评价时间			

安全标志		管控措施
当心爆炸 当心落物 当心冒顶 禁止烟火 必须戴安全帽 必须检查设备 必须持证上岗		1 编制专项施工方案,按规定进行审查论证; 2 严格按审批过的方案组织实施,并对方案的落实情况进行检查; 3 组织安全技术交底,落实安全防范措施; 4 明确安全距离,设置安全警戒线和警示标志; 5 明确专人对爆破器材进行管理,严格执行爆破安全规程; 6 应按作业要求配备和正确使用劳动防护用品,按规定持证上岗

应急措施
1 当事故发生,危险区域人员应紧急疏散,立即向现场负责人报告事故情况并履行紧急救助,不得盲目施救;
2 迅速将伤者移至安全地带,根据伤情严重情况进行紧急救护,必要时拨打"120"电话,或直接用车送至就近医院抢救,治疗(对受伤昏迷者可采取心肺复苏术以待专业医生救治);
3 现场进行警戒,疏散现场无关人员

分级管控	项目法人	监理单位	施工单位
责任单位			
责任人			
联系电话			

图 2.1.12 SGZD012

安全风险公告牌

危 险 源		临近边坡的地下开挖爆破作业	事故类型	事故诱因
级 别		重大危险源	1 火药爆炸 2 放炮 3 物体打击 4 冒顶片帮	1 未编制专项施工方案或方案未按规定进行审查论证，未进行安全评估； 2 未按审批的方案实施或擅自修改方案，未对方案实施进行监督巡查； 3 未按规定进行安全技术交底，未落实安全防范措施； 4 未设置安全警戒线和警示标志，未明确安全距离； 5 未对爆破器材进行专人管理，未按爆破安全规程作业，未持证上岗； 6 未配备或未正确使用劳动防护用品
风险等级		重大风险		
位 置				
评价时间				

安全标志	管控措施
当心爆炸　当心落物　当心冒顶　禁止烟火 必须戴安全帽　必须穿防护服　必须持证上岗	1 编制专项施工方案，按规定进行审查论证； 2 严格按审批过的方案组织实施，并对方案的落实情况进行检查； 3 组织安全技术交底，落实安全防范措施； 4 明确安全距离，设置安全警戒线和警示标志； 5 明确专人对爆破器材进行管理，严格执行爆破安全规程； 6 应按作业要求配备和正确使用劳动防护用品，按规定持证上岗

分级管控				应急措施
责任单位	项目法人	监理单位	施工单位	1 当事故发生，危险区域人员应急疏散，立即向现场负责人报告事故情况并履行紧急救助，不得盲目施救； 2 迅速将伤者移至安全地带，根据伤情严重情况进行紧急救护，必要时拨打"120"电话，或直接用车送至就近医院抢救，治疗（对受伤昏迷者可采取心肺复苏术以待专业医生救治）； 3 现场进行警戒，疏散现场无关人员
责任人				
联系电话				

图 2.1.13　SGZD013

安全风险公告牌

危 险 源	采用危险化学品进行化学灌浆		事故类型		事故诱因	1 未编制专项施工方案或方案未按规定进行审查论证； 2 未按审批的方案实施或方案擅自修改，未对方案实施范围进行监督巡查； 3 未按规定进行安全技术交底，未落实安全防范措施； 4 未设置通风、消防设施，未设置安全警戒区和警示标志； 5 未按安全操作规程作业； 6 未配备或未正确使用劳动防护用品
级　　别	重大危险源		1 中毒 2 其它伤害			
风险等级	重大风险				管控措施	1 编制专项施工方案； 2 严格按审批过的方案组织实施，并对方案的落实情况进行检查； 3 组织安全技术交底，落实安全防范措施； 4 设置有效的通风、消防设施，设置安全警戒区和警示标志； 5 严格执行安全操作规程； 6 应按作业要求配备和正确使用劳动防护用品
位　　置						
评价时间						
安全标志	禁止烟火　当心中毒　注意通风　必须戴防毒面具　必须戴防护手套　必须戴安全帽　必须穿防护服				应急措施	1 当事故发生，危险区域人员应紧急疏散，立即向现场负责人报告事故情况并履行紧急救助，不得盲目施救； 2 迅速将伤者移至安全地带，根据伤情严重情况进行紧急救护，必要时拨打"120"电话，或直接用车送至就近医院抢救、治疗（对受伤昏迷者可采取心肺复苏术以待专业医生救治）； 3 现场进行警戒，疏散现场无关人员
分级管控	责任单位	项目法人	监理单位	施工单位		
	责任人					
	联系电话					

图 2.1.14　SGZD014

安全风险公告牌

危险源		提升系统行程 大于 20 m（含）	事故类型	事故诱因
级　别		重大危险源	1 高处坠落	1 未编制专项施工方案或方案未按规定进行审查论证； 2 未按审批的方案实施或擅自修改方案，未对方案实施情况进行监督巡查； 3 未按规定进行安全技术交底，未落实安全防范措施； 4 未设置防雨、保护伞、保险装置等设施； 5 未安排专人控制提升系统，未按安全操作规程作业，超载超速作业； 6 未配备或未正确使用劳动防护用品
风险等级		重大风险		
位　置				
评价时间				

安全标志

当心坠落　当心触电　当心落物　当心机械伤人　必须戴安全帽　必须持证上岗

分级管控	项目法人	监理单位	施工单位	管控措施
责任单位				1 编制专项施工方案，按规定进行审查论证； 2 严格按审批过的方案组织实施，并对方案的落实情况进行检查； 3 组织安全技术交底，落实安全防范措施； 4 按要求设置保险装置、防雨、保护伞等装置； 5 明确专人操作提升系统，严格执行安全操作规程； 6 应按作业要求配备和正确使用劳动防护用品，按规定持证上岗
责任人				
联系电话				**应急措施** 1 当事故发生，危险区域人员应紧急疏散，立即向现场负责人报告事故情况并履行紧急救助，不得盲目施救； 2 迅速将伤者移至安全地带，根据伤情严重情况进行紧急救护，必要时拨打"120"电话，或直接用车送至就近医院抢救、治疗（对受伤昏迷者可采取心肺复苏术以待专业医生救治）； 3 现场进行警戒，疏散现场无关人员

图 2.1.15　SGZD015

安全风险公告牌

危　险　源	大于 20 m（含）的沉井工程	事故类型	事故诱因
级　　别	重大危险源	1 物体打击 2 机械伤害	1 未编制专项施工方案或方案未按规定进行审查论证； 2 未按审批的方案实施或擅自修改方案，未对方案实施情况进行监督巡查； 3 未按规定进行安全技术交底，未落实安全防范措施； 4 未设置上下通道、安全警戒线和警示标志； 5 未对机械设备进行进场验收，未按安全操作规程作业，未持证上岗； 6 未配备或未正确使用劳动防护用品
风险等级	重大风险		
位　　置			
评价时间			
安全标志	 当心坠落　当心机械伤人　当心落物　当心触电　必须戴安全帽　必须持证上岗	管控措施	1 编制专项施工方案，按规定进行审查论证； 2 严格按审批过的方案组织实施，并对方案的落实情况进行检查； 3 组织安全技术交底，落实安全防范措施； 4 按要求设置保险装置，防雨、保护伞等装置； 5 明确专人操作提升系统，严格执行安全操作规程； 6 应按作业要求配备和正确使用劳动防护用品，按规定持证上岗
分级管控	施工单位	监理单位	项目法人
责任单位			应急措施
责任人			1 当事故发生，危险区域人员应紧急疏散，立即向现场负责人报告事故情况并履行紧急救助，不得盲目施救； 2 迅速将伤者移至安全地带，根据伤情严重情况进行紧急救护，必要时拨打"120"电话，或直接用车送至就近医院抢救，治疗（对受伤昏迷者可采取心肺复苏术以待专业医生救治）； 3 现场进行警戒，疏散现场无关人员
联系电话			

图 2.1.16　SGZD016

安全风险公告牌

危险源	制冷车间的液氨制冷系统	事故类型	事故诱因
级别	重大危险源	1 中毒 2 爆炸	1 液氨制冷系统不符合规定要求; 2 压力容器未经校验,安全阀未定期校验,未采用防爆电器等; 3 未按规定进行系统安全培训,交底,未落实安全防范措施; 4 未设置排风、消防等设备,未配备氨中毒急救药品和解毒饮料; 5 未按安全操作规程作业; 6 未配备或未正确使用劳动防护用品
风险等级	重大风险		
位置			
评价时间			

安全标志			管控措施
当心中毒　当心爆炸　必须戴安全帽　注意通风　必须戴防毒面具			1 编制液氨制冷系统安全操作规程或作业指导书; 2 严格执行机械设备的检验、安全阀等定期校验、防火防爆符合要求; 3 组织安全培训、交底,落实安全防范措施; 4 按要求设置排风、消防等设备,配备检测仪、报警仪、急救药品等; 5 严格执行安全操作规程; 6 应按作业要求配备和正确使用劳动防护用品

分级管控			应急措施
责任单位	项目法人	监理单位	施工单位
责任人			
联系电话			

应急措施:
1 当事故发生,危险区域人员应紧急疏散,立即向现场负责人报告事故情况并履行紧急救助,不得盲目施救;
2 迅速将伤者安全至安全地带,根据伤情严重情况进行紧急救护,必要时拨打"120"电话,或直接用车送至就近医院抢救,治疗(对受伤昏送者可采取心肺复苏术以待专业医生救治);
3 现场进行警戒,疏散现场无关人员

图 2.1.17　SGZD017

安全风险公告牌

危 险 源	搭设高度 24 m 及以上的落地式钢管脚手架工程		事故类型	事故诱因
级 别	重大危险源		1 坍塌 2 高处坠落 3 物体打击	1 未编制专项施工方案或方案未按规定进行审查论证; 2 未按审批的方案实施或擅自修改方案,未对方案实施情况进行监督巡查; 3 未对结构件与地基承载力进行设计计算,未对钢管等构配件进行检测验收; 4 未按规定进行安全技术交底,未组织检查、验收等; 5 未按安全操作规程作业,未设置安全防护和警示标志; 6 未配备或未正确使用劳动防护用品,未持证上岗
风险等级	重大风险			
位 置				
评价时间				
安全标志			管控措施	1 按规范对结构件与地基承载力进行设计计算,编制专项施工方案,按规定进行审查论证; 2 严格按审批过的方案组织实施,并对方案的落实情况进行检查; 3 钢管、扣件等构配件经验收合格后投入使用; 4 组织安全技术交底,严格执行安全操作规程,安全警戒线和警示标志; 5 组织检查、验收,明确安全距离,设置安全警戒线和警示标志; 6 应按作业要求配备和正确使用劳动防护用品,按规定持证上岗
分级管控	责任单位	项目法人	监理单位	施工单位
	责任人			
	联系电话			

应急措施

1 当事故发生,危险区域人员应紧急疏散,立即向现场负责人报告事故情况并履行紧急救助,不得盲目施救;
2 迅速将伤者移至安全地带,根据伤情严重情况进行紧急救护,必要时拨打"120"电话,或直接用车送至就近医院抢救,治疗(对受伤昏迷者可采取心肺复苏术以待专业医生救治);
3 现场进行警戒,疏散现场无关人员

图 2.1.18 SGZD018-1

安全风险公告牌

危 险 源		附着式整体和分片提升脚手架工程	事故类型	事故诱因
级　　别		重大危险源	1 坍塌 2 高处坠落 3 物体打击	1 未编制专项施工方案或方案未按规定进行审查论证； 2 未按审批的方案实施或擅自修改方案，未对方案实施情况进行监督巡查； 3 未对结构件与地基承载力进行设计计算，未对钢管等构配件进行检测验收； 4 未按规定进行安全技术交底，未组织检查、验收等； 5 未按安全操作规程作业，未设置安全防护和警示标志； 6 未配备或未正确使用劳动防护用品，未持证上岗
风险等级		**重大风险**		
位　　置				
评价时间				

安全标志	管控措施
	1 按规范对结构件与地基承载力进行设计计算，编制专项施工方案，按规定进行审查论证； 2 严格按审批过的方案组织实施，并对方案的落实进行检查； 3 钢管、扣件等构配件经验收合格后投入使用； 4 组织安全技术交底，严格执行安全操作规程，安全技术规范作业； 5 组织检查、验收，明确安全距离，设置安全警戒线和警示标志； 6 应按作业要求配备和正确使用劳动防护用品，按规定持证上岗

	应急措施
	1 当事故发生，危险区域人员应紧急疏散，立即向现场负责人报告事故情况并履行紧急救助，不得盲目施救； 2 迅速将伤者移至安全地带，根据伤情严重情况进行紧急救护，必要时拨打"120"电话，或直接用车送至就近医院抢救、治疗（对受伤昏迷者可采取心肺复苏术以待专业医生救治）； 3 现场进行警戒、疏散现场无关人员

分级管控			
责任单位	项目法人	监理单位	施工单位
责任人			
联系电话			

图 2.1.18 SGZD018－2

安全风险公告牌

危险源	悬挑式脚手架工程、吊篮脚手架工程、新型及异型脚手架工程	事故类型	事故诱因
级 别	重大危险源	1 坍塌 2 高处坠落 3 物体打击	1 未编制专项施工方案或方案未按规定进行审查论证； 2 未按审批的方案实施或擅自修改方案，未对方案实施情况进行监督巡查； 3 未对结构件与地基承载力进行设计计算，未对钢管等构配件进行检测验收； 4 未按规定进行安全技术交底，未组织检查、验收等； 5 未按安全操作规程作业，未设置安全防护和警示标志； 6 未配备或未正确使用劳动防护用品，未持证上岗
风险等级	重大风险		
位 置			
评价时间			

安全标志		管控措施	1 按规范对结构件与地基承载力进行计算，编制专项施工方案，按规定进行审查论证； 2 严格按审批过的方案组织实施，并对方案的落实情况进行检查； 3 钢管、扣件等构配件经验收合格后投入使用； 4 组织安全技术交底，严格执行安全操作规程，安全技术规范作业； 5 组织检查、验收，明确安全距离、设置安全警戒线和警示标志； 6 应按作业要求配备和正确使用劳动防护用品，按规定持证上岗

分级管控			应急措施	1 当事故发生，危险区域人员应紧急疏散，立即向现场负责人报告事故情况并履行紧急救助，不得盲目施救； 2 迅速将伤者移至安全地带，根据伤情严重情况进行紧急救护，必要时拨打"120"电话，或直接用车送至就近医院抢救，治疗（对受伤昏迷者可采取心肺复苏术以待专业医生救治）； 3 现场进行警戒，疏散现场无关人员
责任单位	项目法人	监理单位	施工单位	
责任人				
联系电话				

图 2.1.18 SGZD018-3

安全风险公告牌

危险源	滑模、爬模、飞模工程		事故类型		
级 别	重大危险源		1 高处坠落		
风险等级	重大风险		2 物体打击		
位 置					
评价时间					

事故诱因
1 未编制专项施工方案或方案未按规定进行审查论证；
2 未按审批的方案实施或方案擅自修改方案，未对方案实施情况进行监督巡查；
3 未对模板结构或构配件等材料进行检测验收；
4 未按规定进行安全技术交底，未组织检查、验收等；
5 未按安全操作规程作业，未设置安全防护和警示标志；
6 未配备或未正确使用劳动防护用品、未持证上岗

管控措施
1 编制专项施工方案，按规定进行审查论证；
2 严格按审批过的方案组织实施，并对方案的落实情况进行检查；
3 模板结构或构配件等材料经验收合格后投入使用；
4 组织安全技术交底，严格执行安全操作规程、安全技术规范作业；
5 组织检查、验收，明确安全距离，设置安全警戒线和警示标志；
6 应按作业要求配备和正确使用劳动防护用品，按规定持证上岗

安全标志
当心坠落　当心落物　禁止抛物　必须戴安全帽　必须持证上岗　必须系安全带

应急措施
1 当事故发生时，危险区域人员应紧急疏散，立即向现场负责人报告事故情况并履行紧急救助，不得盲目施救；
2 迅速将伤害者移至安全地带，根据伤情严重情况进行紧急救护，必要时拨打"120"电话，或直接用车送至就近医院抢救、治疗（对受伤昏迷者可采取心肺复苏术以待专业医生救治）；
3 现场进行警戒，疏散现场无关人员

分级管控		
责任单位	项目法人	监理单位	施工单位
责任人			
联系电话			

图 2.1.19　SGZD019

安全风险公告牌

危险源	搭设高度 5 m 及以上 搭设跨度 10 m 及以上	事故类型	事故诱因
级　别	重大危险源	1 高处坠落 2 物体打击	1 未编制专项施工方案或方案未按规定进行审查论证; 2 未按审批的方案实施或擅自修改方案,未对方案实施情况进行监督巡查; 3 未对模板结构或配件等材料进行检测验收; 4 未按规定进行安全技术交底,未组织检查、验收等; 5 未按安全操作规程作业,未设置安全防护和警示标志; 6 未配备或未正确使用劳动防护用品,未持证上岗
风险等级	重大风险		
位　置			
评价时间			

安全标志

管控措施
1 编制专项施工方案,按规定进行审查论证;
2 严格按审批过的方案组织实施,并对方案的落实情况进行检查;
3 模板结构或配件等材料经验收合格后投入使用;
4 组织安全技术交底,严格执行安全操作规程,安全技术规范作业;
5 组织检查、验收,明确安全距离,设置安全警戒线和警示标志;
6 应按作业要求配备和正确使用劳动防护用品,按规定持证上岗

应急措施
1 当事故发生,危险区域人员应紧急疏散,立即向现场负责人报告事故情况并履行紧急救助,不得盲目施救;
2 迅速将伤者移至安全地带,根据伤情严重情况进行紧急救护,必要时拨打"120"电话,或直接用车送至就近医院抢救,治疗(对受伤昏迷者可采取心肺复苏术以待专业医生救治);
3 现场进行警戒、疏散现场无关人员

当心落物　当心坠落　禁止抛物　必须戴安全帽　必须戴安全帽　必须系安全带　必须持证上岗　必须穿防护服

分级管控

	项目法人	监理单位	施工单位
责任单位			
责任人			
联系电话			

图 2.1.20　SGZD020 – 1

安全风险公告牌

危险源	施工总荷载 10 kN/m² 及以上，集中线荷载 15 kN/m 及以上	事故类型	事故诱因
级　别	重大危险源		1 未编制专项施工方案或方案未按规定进行审查论证； 2 未按审批的方案实施或擅自修改方案，未对方案实施情况进行监督巡查； 3 未对模板结构构配件等材料进行检测验收； 4 未按规定进行安全技术交底，未组织检查、验收等； 5 未按安全操作规程作业，未设置安全防护和警示标志； 6 未配备或未正确使用劳动防护用品，未持证上岗
风险等级	重大风险	1 高处坠落 2 物体打击	
位　置			
评价时间			
安全标志			管控措施
			1 编制专项施工方案，按规定进行审查论证； 2 严格按审批过的方案组织实施，并对方案的落实情况进行检查； 3 模板结构构配件等材料经验收合格后投入使用； 4 组织安全技术交底，严格执行安全操作规程，安全技术规范作业； 5 组织检查、验收，明确安全距离，设置安全警戒线和警示标志； 6 应按作业要求配备和正确使用劳动防护用品，按规定持证上岗
			应急措施
分级管控			1 当事故发生，危险区域人员应紧急疏散，立即向现场负责人报告事故情况并展开紧急救助，不得盲目施救； 2 迅速将伤者移至安全地带，根据伤情严重情况进行紧急救护，必要时拨打"120"电话，或直接用车送至就近医院抢救，治疗（对受伤昏迷者可采取心肺复苏术以待专业医生救治）； 3 现场进行警戒，疏散现场无关人员
责任单位	项目法人	监理单位	施工单位
责任人			
联系电话			

图 2.1.20　SGZD020 - 2

安全风险公告牌

危险源	用于钢结构安装等满堂支撑体系	事故类型	事故诱因
级　别	重大危险源		1 未编制专项施工方案或方案未按规定进行审查论证； 2 未按审批的方案实施或擅自修改方案，未对方案实施情况进行监督巡查； 3 未对模板结构或构配件等材料进行检测验收； 4 未按规定进行安全技术交底，未组织检查、验收等； 5 未按安全操作规程作业，未设置安全防护和警示标志； 6 未配备或未正确使用劳动防护用品，未持证上岗
风险等级	重大风险	1 高处坠落 2 物体打击	
位　置			
评价时间			

安全标志		管控措施
当心落物　当心坠落　禁止抛物 必须戴安全帽　必须持证上岗　必须系安全带		1 编制专项施工方案，按规定进行审查论证； 2 严格按审批过的方案组织实施，并对方案的落实情况进行检查； 3 模板结构或构配件等材料经验收合格后投入使用； 4 组织安全技术交底，严格执行安全操作规程，安全技术规范作业； 5 组织检查、验收，明确安全距离，设置安全警戒线和警示标志； 6 应按作业要求配备和正确使用劳动防护用品，按规定持证上岗

分级管控		应急措施
施工单位		1 当事故发生，危险区域人员应紧急疏散，立即向现场负责人报告事故情况并履行紧急救助，不得盲目施救； 2 迅速将伤者移至安全地带，根据伤情严重情况进行紧急救护，必要时拨打"120"电话，或直接用车送至就近医院抢救，治疗（对受伤昏迷者可采取心肺复苏术以待专业医生救治）； 3 现场进行警戒，疏散现场无关人员
监理单位		
项目法人		

责任单位	
责任人	
联系电话	

图 2.1.21　SGZD021

安全风险公告牌

危 险 源	采用非常规起重设备、方法，且单件起吊重量在 10 kN 及以上的起重吊装工程	事故类型	1 机械伤害 2 高处坠落
级 别	重大危险源		
风险等级	重大风险		
位 置			
评价时间			

事故诱因
1 未编制专项施工方案或方案未按规定进行审查论证；
2 未按审批的方案实施或擅自修改方案，未对方案实施情况进行监督巡查；
3 未按规定进行安全技术交底，未落实安全防范措施；
4 未设置警戒区和安全警示标志，未设专人指挥；
5 未对机械设备进行进场验收，未按安全操作规程作业，未持证上岗；
6 未配备或未正确使用劳动防护用品

管控措施
1 编制专项施工方案，按规定进行审查论证；
2 严格按审批过的方案组织实施，并对方案的落实情况进行检查；
3 组织安全技术交底，落实安全防范措施；
4 设置警戒区和警示标志，明确专人指挥；
5 严格执行机械设备进场验收，严格执行安全操作规程，按规定持证上岗；
6 应按作业要求配备和正确使用劳动防护用品

应急措施
1 当事故发生，危险区域人员应紧急疏散，立即向现场负责人报告事故情况并履行紧急救助，不得盲目施救；
2 迅速将伤者移至安全地带，根据伤情严重情况进行紧急救护，必要时拨打"120"电话，或直接用车送至就近医院抢救，治疗（对受伤昏迷者可采取心肺复苏术以待专业医生救治）；
3 现场进行警戒，疏散现场无关人员

安全标志

当心触电　当心坠落　当心落物　必须戴安全帽　必须戴防护手套　必须穿防护服　必须持证上岗

分级管控

责任单位	项目法人	监理单位	施工单位
责任人			
联系电话			

图 2.1.22　SGZD022

安全风险公告牌

危　险　源	使用易爆有毒和易腐蚀的危险化学品进行作业		事故类型
级　　别	重大危险源		1 爆炸 2 中毒 3 其它伤害
风险等级	重大风险		
位　　置			
评价时间			

事故诱因

1 未编制专项施工方案或方案未按规定进行审查论证；
2 未按审批的方案修改或方案擅自修改后实施，未对方案实施情况进行监督巡查；
3 未按规定进行安全技术交底，未落实安全防范措施；
4 未设置通风、消防设施，未设置安全警戒区和警示标志；
5 未按安全操作规程作业，危险化学品使用、存放无专人管理；
6 未配备或未正确使用劳动防护用品

安全标志

当心中毒　当心爆炸　禁止烟火　必须穿防护手套　注意通风　必须戴防毒面具

管控措施

1 编制专项施工方案，按规定进行审查论证；
2 严格按审批过的方案组织实施，并对方案的落实情况进行检查；
3 组织安全技术交底，落实安全防范措施；
4 设置有效的通风、消防设施，设置安全警戒区和警示标志；
5 严格执行安全操作规程，严格执行危化品使用、存放等安全管理制度；
6 应按作业要求配备和正确使用劳动防护用品

分级管控

责任单位	项目法人	监理单位	施工单位
责任人			
联系电话			

应急措施

1 当事故发生，危险区域人员应紧急疏散，立即向现场负责人报告事故情况并履行紧急救助，不得盲目施救；
2 迅速将伤者移至安全地带，根据伤情严重情况进行紧急救护，必要时拨打"120"电话，或直接用车送至就近医院抢救，治疗（对受伤昏迷者可采取心肺复苏术以待专业医生生救治）；
3 现场进行警戒、疏散现场无关人员

图 2.1.23　SGZD023

安全风险公告牌

危险源	采取机械拆除，拆除高度大于 10 m			事故类型	事故诱因
级　别	重大危险源			1 坍塌 2 物体打击 3 高处坠落 4 机械伤害	1 未编制专项施工方案或方案未按规定进行审查论证； 2 未经审批的方案擅自修改方案或擅自措置，未对方案实施情况进行监督巡查； 3 未按规定进行安全技术交底，未落实安全防范措施； 4 未设置围栏和安全警示标志，未设专人监护； 5 未对机械设备进行进场验收，未按安全操作规程作业； 6 未配备或未正确使用劳动防护用品
风险等级	重大风险				
位　置					
评价时间					
安全标志	（安全标志图标：当心溅物、当心坠落、当心机械伤人、禁止抛物、必须戴安全帽、必须戴防护手套）				管控措施
					1 编制专项施工方案，按规定进行审查论证； 2 严格按审批过的方案组织实施，并对方案的落实情况进行检查； 3 组织安全技术交底，落实安全防范措施； 4 设置安全警戒线和警示标志，设专人安全监护； 5 严格执行机械设备进场验收，严格执行安全操作规程； 6 应按作业要求配备和正确使用劳动防护用品
分级管控	项目法人	监理单位	施工单位		应急措施
责任单位					1 当发现险情迹象，应根据险情采取有效措施，组织消险或主动预防避让； 2 当事故发生，应立即向现场负责人报告，迅速启动现场处置方案，同时紧急疏散危险区域人员； 3 迅速将伤亡者移至安全地带，根据伤情严重情况进行紧急救护，必要时拨打"120"电话，或直接用车送至就近医院救治（对受伤昏迷者可采取苏米以待专业医生救治）； 4 现场进行警戒，疏散现场无关人员
责任人					
联系电话					

图 2.1.24　SGZD024－1

安全风险公告牌

危险源		可能影响行人、交通、电力设施、通讯设施或其它建、构筑物安全的拆除作业	事故诱因	1 未编制专项施工方案或方案未按规定进行审查论证； 2 未按审批的方案实施或方案擅自修改，未对方案实施情况进行监督巡查； 3 未按规定进行安全技术交底，未落实安全防范措施； 4 未设置围栏和安全警示标志，未设专人监护； 5 未对机械设备进行进场验收，未按安全操作规程作业； 6 未配备或未正确使用劳动防护用品
级 别	重大危险源	事故类型	1 坍塌 2 物体打击 3 高处坠落 4 机械伤害	
风险等级	重大风险			
位 置			管控措施	1 编制专项施工方案，按规定进行审查论证； 2 严格按审批过的方案组织实施，并对方案的落实情况进行检查； 3 组织安全技术交底，落实安全防范措施； 4 设置安全警戒线和警示标志，设专人安全监护； 5 严格执行机械设备进场验收，严格执行安全操作规程； 6 应按作业要求配备和正确使用劳动防护用品
评价时间				
安全标志	当心落物　当心坠落　当心机械伤人　禁止抛物　必须戴安全帽　必须戴防护手套		应急措施	1 当发现险情迹象，应根据险情采取有效措施，组织消险或主动预防避让； 2 当事故发生，应立即向现场负责人报告，迅速启动现场处置方案，同时紧急疏散危险区域人员； 3 迅速将伤者移至安全地带，根据伤情严重情况进行紧急救护，必要时拨打"120"电话，或直接用车送至就近医院救治（对受伤昏送者可采取心肺复苏术以待专业医生救治）； 4 现场进行警戒，疏散现场无关人员
分级管控	责任单位	项目法人	监理单位	施工单位
	责任人			
	联系电话			

图 2.1.24　SGZD024－2

安全风险公告牌

危险源	文物保护建筑、优秀历史建筑或历史文化风貌区控制范围的拆除作业		事故类型	1 坍塌 2 物体打击 3 高处坠落 4 机械伤害
级　别	重大危险源			
风险等级	重大风险			
位　置				
评价时间				

事故诱因
1 未编制专项施工方案或方案未按规定进行审查论证； 2 未按审批的方案实施或方案擅自修改，未对方案实施情况进行监督巡查； 3 未按规定进行安全技术交底，未落实安全防范措施； 4 未设置围栏和安全警示标志，未设专人监督； 5 未对机械设备进行进场验收，未按安全操作规程作业； 6 未配备或未正确使用劳动防护用品

管控措施
1 编制专项施工方案，按规定进行审查论证； 2 严格按审批过的方案组织实施，并对方案的落实情况进行检查； 3 组织安全技术交底，落实安全防范措施； 4 设置安全警戒线和警示标志，设专人安全监护； 5 严格执行机械设备进场验收，严格执行安全操作规程； 6 应按作业要求配备和正确使用劳动防护用品

应急措施
1 当发现险情迹象，应根据险情采取有效措施，组织消险或主动预防避让； 2 当事故发生，应立即向现场负责人报告，迅速启动现场处置方案，同时紧急疏散危险区域人员； 3 迅速将伤者移至安全地带，根据伤情进行紧急救护，必要时拨打"120"电话，或直接用车送至就近医院救治（对受伤昏迷者可采取心肺复苏术以待专业医生救治）； 4 现场进行警戒，疏散现场无关人员

安全标志：当心落物　当心坠落　当心机械伤人　禁止抛物　必须戴安全帽　必须戴防护手套

分级管控

责任单位	项目法人	监理单位	施工单位
责任人			
联系电话			

图 2.1.24　SGZD024－3

危 险 源	围堰拆除作业	事故类型		事故诱因		
级　别	重大危险源	1 坍塌		1 未编制专项施工方案或方案未按规定进行审查论证； 2 未按审批的方案实施或擅自修改方案，未对方案实施情况进行监督巡查； 3 未按规定进行安全技术交底，未落实安全防范措施； 4 未设置围栏和安全警示标志，未设专人监护； 5 未对机械设备进行进场验收，未按安全操作规程作业； 6 未配备或未正确使用劳动防护用品		
风险等级	**重大风险**					
位　置						
评价时间						
安全标志				管控措施		
 当心塌方　当心机械伤人　必须穿救生衣　禁止通行				1 编制专项施工方案，按规定进行审查论证； 2 严格按审批过的方案组织实施，并对方案的落实情况进行检查； 3 组织安全技术交底，落实安全防范措施； 4 设置安全警戒线和警示标志，设专人安全监护； 5 严格执行机械设备进场验收，严格执行安全操作规程； 6 应按作业要求配备和正确使用劳动防护用品		
分级管控				应急措施		
责任单位	项目法人	监理单位	施工单位	1 当发现险情迹象，应根据险情采取有效措施，组织消险或主动预防避让； 2 当事故发生，应立即向现场负责人报告，迅速启动现场处置方案，同时紧急疏散危险区域人员； 3 迅速将伤者移至安全地带，根据伤情严重情况进行紧急救护，必要时拨打"120"电话，或直接用车送至就近医院救治（对受伤昏迷者可采取心肺复苏术以待专业医生救治）； 4 现场进行警戒，疏散现场无关人员		
责任人						
联系电话						

图 2.1.25　SGZD025

安全风险公告牌

危 险 源	爆破拆除作业	事故类型
级　别	重大危险源	1 爆炸
风险等级	重大风险	2 物体打击
位　置		
评价时间		

事故诱因

1 未编制专项施工方案或方案未按规定进行审查论证；
2 未按审批的方案实施或擅自修改方案，未对方案实施情况进行监督巡查；
3 未按规定进行安全技术交底，未落实安全防范措施；
4 未设置安全警戒线和警示标志，未设专人安全监护；
5 未对爆破器材进行专人管理，未按爆破安全规程作业，未持证上岗；
6 未配备或未正确使用劳动防护用品

管控措施

1 编制专项施工方案，按规定进行审查论证；
2 严格按审批过的方案组织实施，并对方案的落实情况进行检查；
3 组织安全技术交底，落实安全防范措施；
4 设置安全警戒线和警示标志，设专人安全监护；
5 明确专人对爆破器材进行管理，严格执行爆破安全规程，按规定持证上岗；
6 应按作业要求配备和正确使用劳动防护用品

应急措施

1 当事故发生，危险区域人员应紧急疏散，立即向现场负责人报告事故情况并履行紧急救助，不得盲目施救；
2 迅速将伤者移至安全地带，根据伤情严重情况进行紧急救护，必要时拨打"120"电话，或直接用车送至就近医院抢救，治疗（对受伤昏迷者可采取心肺复苏术以待专业医生救治）；
3 现场进行警戒，疏散现场无关人员

安全标志

⚠ 当心爆炸　⚠ 当心落物　🚫 禁止停留　🚫 禁止烟火　⛑ 必须戴安全帽

分级管控

责任单位	项目法人	监理单位	施工单位
责任人			
联系电话			

图 2.1.26　SGZD026

安全风险公告牌

危险源	降排水工程	事故类型	事故诱因
级别	重大危险源		1 未编制专项施工方案或方案未按规定进行审查论证; 2 未按审批的方案实施或擅自修改方案,未对方案实施情况进行监督巡查; 3 未按规定进行安全技术交底,未落实安全防范措施; 4 未按要求布置排水口,未设置排水沟,未保证排水系统畅通; 5 未对机械、电气设备定期检查维保,未按安全操作规程作业; 6 未配备或未正确使用劳动防护用品
风险等级	重大风险	1 淹溺	
位置			
评价时间			

安全标志	管控措施
（安全标志图标）	1 编制专项施工方案,按规定进行审查论证; 2 严格按审批过的方案组织实施,并对方案的落实情况进行检查; 3 组织安全技术交底,落实安全防范措施; 4 按要求设置排水口、排水沟,保证排水系统畅通; 5 对机械、电气设备定期检查维保,严格执行安全操作规程; 6 应按作业要求配备和正确使用劳动防护用品

分级管控			应急措施
	项目法人	监理单位	施工单位	1 当事故发生,危险区域人员应紧急疏散,立即向现场负责人报告事故情况并履行紧急救助,不得盲目施救; 2 迅速将伤者移至安全地带,根据伤情严重情况进行紧急救护,必要时拨打"120"电话,或直接用车送至就近医院抢救,治疗(对受伤昏迷者可采取心肺复苏术以待专业医生救治); 3 现场进行警戒,疏散现场无关人员
责任单位			
责任人			
联系电话			

图2.1.27 SGZD027

安全风险公告牌

危险源	采用非常规起重设备、方法，且单件起吊重量在 10 kN 及以上的起重吊装工程	事故类型	事故诱因
级别	重大危险源	1 物体打击 2 机械伤害	1 未编制专项施工方案或方案未按规定进行审查论证； 2 未按审批的方案实施或擅自修改方案，未对方案实施进行监督巡查； 3 未开展安全技术交底，未按规定落实安全防护措施； 4 未设置警戒区，无专人监护； 5 起重设备、安全装置、吊具、索具等未组织检查验收； 6 证照不全或无证上岗，违反"十不吊"规定
风险等级	重大风险		
位置			
评价时间			

安全标志

管控措施

1 编制专项施工方案，并按规定进行论证、审核和审批；
2 严格按审批过的方案组织实施，并对方案的落实情况进行检查；
3 开展安全技术交底，正确佩戴劳动防护用品，落实安全防护措施；
4 划定作业区域，明确专人监护，设置警示标志；
5 开展设备、安全装置和吊索具专项检查验收；
6 按规定持证上岗，严格执行操作规程

应急措施

1 当事故发生，危险区域人员应紧急疏散，立即向现场负责人报告事故情况并履行紧急救助，不得盲目施救；
2 迅速将伤者移至安全地带，根据伤情严重情况进行紧急救护，必要时拨打"120"电话，或直接用车送至就近医院抢救，治疗（对受伤昏迷者可采取心肺复苏术以待专业医生救治）；
3 现场进行警戒，疏散现场无关人员

分级管控

责任单位	项目法人	监理单位	施工单位
责任人			
联系电话			

图 2.1.28 SGZD028

安全风险公告牌

危 险 源	采用起重机械进行安装的工程	事故类型	事故诱因
级　别	重大危险源	1 物体打击 2 起重伤害 3 高处坠落	1 未编制专项施工方案或方案未按规定进行审查论证； 2 未按审批的方案实施或擅自修改方案，未对方案实施情况进行监督巡查； 3 未开展安全技术交底，未按规定落实安全防护措施； 4 未设置警戒区，无专人监护； 5 起重设备、安全装置、吊具、索具等未组织检查验收； 6 证照不全或无证上岗，违反"十不吊"规定
风险等级	重大风险		
位　置			
评价时间			管控措施
安全标志			1 编制专项施工方案，并按规定进行论证、审核和审批； 2 严格按审批过的方案组织实施，并对方案的落实情况进行检查； 3 开展安全技术交底，正确佩戴劳动防护用品，设置警示标志； 4 划定作业区域，明确专人监护、设置警示标志； 5 开展设备设施、安全装置和吊索具专项检查验收； 6 按规定持证上岗，严格执行操作规程
			应急措施
分级管控	项目法人	监理单位	施工单位
			1 当事故发生，危险区域人员应紧急疏散，立即向现场负责人报告事故情况并履行紧急救助，不得盲目施救； 2 迅速将伤者移至安全地带，根据伤情严重情况进行紧急救护，必要时拨打"120"电话，或直接用车送至就近医院抢救，治疗（对受伤昏迷者可采取心肺复苏术以待专业医生救治）； 3 现场进行警戒，疏散现场无关人员
责任单位			
责任人			
联系电话			

图 2.1.29 SGZD029

安全风险公告牌

危 险 源	起重机械设备自身的安装、拆卸作业	事故类型	事故诱因
级　别	重大危险源	1 起重伤害 2 高处坠落 3 触电	1 未编制专项施工方案或方案未按规定进行审查论证； 2 未按审批的方案实施或擅自修改方案，未对方案实施情况进行监督巡查； 3 未开展安全技术交底，未按规定落实安全防护措施； 4 未设置警戒区，无专人监护； 5 起重设备、安全装置、吊具、索具等未组织检查验收； 6 证照不全或安全无证上岗，违反"十不吊"规定
风险等级	重大风险		
位　置			
评价时间			

安全标志	管控措施
当心落物　当心坠落　当心触电　必须戴安全帽　必须持证上岗	1 编制专项施工方案，并按规定进行论证、审核和审批； 2 严格按审批过的方案组织实施，并对方案的落实情况进行检查； 3 开展安全技术交底，正确佩戴劳动防护用品，落实安全防护措施； 4 划定作业区域，明确专人监护，设置警示标志； 5 开展设备设施、安全装置和吊索具专项检查验收； 6 按规定持证上岗，严格执行操作规程

分级管控			应急措施
责任单位	项目法人	监理单位	施工单位
责任人			1 当事故发生，危险区域人员应紧急疏散，立即向现场负责人报告事故情况并履行紧急救助，不得盲目施救； 2 迅速将伤者移至安全地带，根据伤情严重情况进行紧急救护，必要时拨打"120"电话，或直接用车送至就近医院抢救、治疗（对受伤昏迷者可采取心肺复苏术以待专业医生救治）； 3 现场进行警戒，疏散现场无关人员
联系电话			

图 2.1.30　SGZD030

安全风险公告牌

危 险 源	弃渣堆下方有生活区或办公区	事故类型			
级 别	重大危险源			1 坍塌	
风险等级	重大风险				
位 置					
评价时间					

事故诱因
1 现场施工总体规划布置不合理； 2 渣场未按规定落实防护措施； 3 未定期开展安全检查、监测； 4 未制定应急预案、未定期组织演练

管控措施
1 选址地质稳定，不受洪水、滑坡、泥石流、塌方及危石等威胁； 2 加强渣场管理、限制堆渣高度，做好基础挡墙维护、排水设施等安全防护； 3 定期开展安全检查和观测，加强雨季雨季天气观测，开展预测预警； 4 制定并落实应急预案、开展演练

应急措施
1 立即启动应急预案，组织人员撤离危险区域； 2 查看伤情并迅速将伤者移至安全地带，清除伤员口、鼻部的泥块、凝血块、呕吐物等，将伤员舌头拉出，以防窒息，对骨折，对呼吸、心跳停止的伤员予以肺复苏术直至与"120"救援人员交接；简易固定，对外伤流血者，简易包扎、止血 3 向上级报告，并拨打"120"急救电话、送医院救治； 4 现场进行警戒，疏散现场无关人员

安全标志

⚠ 当心塌方　⚠ 当心落物　⚠ 当心滑跌　🚫 禁止停留

分级管控

责任单位	项目法人	监理单位	施工单位
责任人			
联系电话			

图 2.1.31 SGZD031

安全风险公告牌

危险源		深基坑	事故类型	
级 别		重大危险源	1 坍塌	
风险等级		**重大风险**	2 高处坠落	
位 置				
评价时间				

事故诱因

1 未编制专项施工方案或方案未按规定进行审查论证；
2 未严格按照方案实施或擅自修改方案；
3 未开展安全技术交底，未对方案落实情况进行检查；
4 基坑未按设计要求进行支护和降排水，未定期开展安全检查、监测；
5 临边无防护，无人员上下专用通道；
6 未佩戴劳动防护用品

安全标志

管控措施

1 编制专项施工方案，并按规定进行论证，审核和审批；
2 严格执行基坑支护和降排水设计方案；
3 开展安全技术交底，跟踪检查方案落实情况；
4 定期对基坑支护结构及周边环境监测，巡查、汛期重点检查；
5 做好基坑临边防护，设置人员上下通道；
6 正确佩戴劳动防护用品

分级管控

责任单位	项目法人	监理单位	施工单位
责任人			
联系电话			

应急措施

1 立即停止施工，组织人员撤离危险区；
2 查看伤情并迅速将伤者移至安全地带，清除伤员口、鼻部的泥块、凝血块，呕吐物等，将伤员舌头拉出，以防窒息，对骨折、外伤流血的伤者，简易包扎、止血或简易固定，对呼吸、心跳停止的伤员予以肺复苏术直至与"120"救援人员交接；
3 向上级报告，并拨打"120"急救电话，送医院救治；
4 现场进行警戒，疏散现场无关人员

图 2.1.32 SGZD032

安全风险公告牌

危险源	油库、油罐区	事故类型		
级　别	重大危险源			
风险等级	重大风险		1 火灾 2 爆炸	
位　置				
评价时间				

	事故诱因
	1 未独立设置，与其它建筑、设施之间的安全距离不足； 2 四周无围挡、栅栏等防护措施； 3 消防通道设置不符合要求； 4 未装设防火安全装置，未安装避雷、防静电接地装置； 5 库区及周围使用明火、未设置警示标志和标识； 6 未配备消防设备和器材

安全标志

当心火灾　当心爆炸　禁止烟火　禁止吸烟　必须接地

	管控措施
	1 独立建筑，与其它设施、建筑之间保持防火安全距离； 2 四周设置围墙、栅栏并满足高度要求； 3 库区道路为环形车道且设有专门消防通道，保持畅通； 4 装设呼吸阀、阻火器、避雷针等安全装置并定期检测； 5 库区内严禁一切火源，严禁吸烟和使用手机，设置醒目的禁火标志及安全防火 　规定标识； 6 配备泡沫、干粉灭火器及沙土等灭火器材

	应急措施
	1 发现火情，立即用消防器材灭火，如火势过大，拨打"119"报警电话并撤离现 　场，设法躲避爆炸物，在可能的情况下尽快撤离至安全区域； 2 立即向现场负责人报告事故情况并履行紧急救护，不得盲目施救； 3 将伤员移至安全地带，根据伤情严重情况进行紧急救护，必要时拨打"120"电 　话，或直接送至就近医院抢救、治疗（对受伤昏迷者可采取心肺复苏术以待专业 　医生救治）； 4 现场进行警戒，疏散现场无关人员

分级管控	项目法人	监理单位	施工单位
责任单位			
责任人			
联系电话			

图 2.1.33　SGZD033

安全风险公告牌

危 险 源	材料设备仓库	事故类型
级　别	重大危险源	1 爆炸
风险等级	**重大风险**	
位　置		
评价时间		

安全标志

（当心火灾　当心爆炸　禁止烟火　禁止吸烟　注意通风）

事故诱因

1 未独立设置,与其它建筑、设施之间的安全距离不足;
2 危险化学品储量超标;
3 危险化学品未分类专库储存,通风不良;
4 库房防火设计不符合规定,消防通道设置不符合要求;
5 未设置警示标志和标识,未配备消防设备和器材;
6 出、入库登记、验收和检查制度执行不到位

管控措施

1 独立建筑,与其它设施、建筑之间保持防火安全距离;
2 危险化学品应按计划限量进场;
3 危险化学品分类专库储存,库房内应通风良好;
4 库房建筑构件的燃烧性能等级应为A级、1层,建筑面积不应大于200 m^2,单个房间不超过20 m^2;
5 按规定设置警示标志和标识,配备消防设备和器材;
6 严格执行出、入库登记、验收和检查制度

应急措施

1 当事故发生,危险区域人员应应急撤离疏散,立即向现场负责人报告,并拨打"119"报警电话等待救援;
2 迅速将伤者移至安全地带,根据伤情严重情况进行紧急救护,必要时拨打"120"电话,或直接用车送至就近医院抢救,治疗(对受伤昏迷者可采取心肺复苏术以待专业医生救治);
3 现场进行警戒,疏散现场无关人员

分级管控

责任单位	项目法人	监理单位	施工单位
责任人			
联系电话			

图 2.1.34　SGZD034

安全风险公告牌

危险源	临时用电工程	事故类型
级别	重大危险源	1 触电
风险等级	重大风险	2 火灾
位置		
评价时间		

事故诱因

1 未编制专项施工方案或方案未按规定进行审查论证；
2 专用的电源中性点直接接地的低压配电系统未采用 TN－S 接零保护系统，未采用三级配电两级漏电保护；
3 外电线路与在建工程安全距离不符合规范要求，且未采取防护措施；
4 配电线路未设短路过载保护，截面不满足负荷电流，敷设不符合规范要求；
5 临时用电系统未验收，未定期巡检、维修；
6 电工无操作证，用电人员未经培训；

管控措施

1 编制临时用电方案，并按规定进行审核、审批；
2 严格执行临时用电"三项基本安全技术原则"；
3 外电线路与在建工程安全距离应符合规范要求，当达不到规定时，应采取隔离防护措施；
4 配电线路应设短路过载保护，导线截面应满足线路负荷电流，敷设应符合规范要求；
5 临时用电系统投入使用前应进行验收，投入使用后，应定期巡检、维修，并有专人监护；
6 电工持证上岗，用电人员培训考核合格后上岗

应急措施

1 迅速切断电源，或者用绝缘物体挑开电线或带电物体，使伤者尽快脱离电源，立即向现场负责人报告事故情况，不得盲目施救；
2 将触电者移至安全地带，根据伤情严重情况进行紧急救护，必要时拨打"120"电话，或直接用车送至就近医院抢救，治疗（对受伤昏迷者可采取心肺复苏术以待专业医生救治）；
3 现场进行警戒，疏散现场无关人员

安全标志

当心触电　当心火灾　必须接地　必须戴安全帽　必须戴防护手套　必须持证上岗

分级管控

责任单位	项目法人	监理单位	施工单位
责任人			
联系电话			

图 2.1.35 SGZD035

安全风险公告牌

危险源		浅埋隧洞	事故类型	事故诱因
级 别		重大危险源	1 坍塌 2 中毒	1 未编制专项施工方案或方案未按规定进行审查论证； 2 未严格按照方案实施或擅自修改方案，未对方案落实情况进行检查； 3 未按方案要求进行支护，进尺过大，未定期开展安全检查、监测； 4 未开展安全技术交底，未佩戴劳动防护用品
风险等级		重大风险		
位 置				
评价时间				
安全标志				管控措施
				1 编制专项施工方案，并按规定进行论证、审核和审批； 2 严格执行施工方案，对方案落实情况进行检查； 3 按照"管超前，严注浆，短开挖，强支护，早封闭，勤量测"进行隧洞施工； 4 开展安全技术交底，正确佩戴劳动防护用品
分级管控	项目法人	监理单位	施工单位	应急措施
责任单位				1 当事故发生，立即向现场负责人报告事故情况，并履行紧急疏散和救助，不得盲目施救； 2 查看伤情并迅速将伤者移至安全地带，清除伤口、鼻泥块、凝血块、呕吐物等，将昏迷伤员舌头拉出，以防窒息，对骨折、外伤流血的伤者，简易包扎，止血或固定，对呼吸、心跳停止的伤员予以心肺复苏术直至与"120"救援人员交接； 3 向上级报告，并拨打"120"急救电话，送医院救治； 4 现场进行警戒，疏散现场无关人员
责任人				
联系电话				

图 2.1.36 SGZD036

安全风险公告牌

危险源	围堰工程	事故类型	事故诱因
级别	重大危险源	1 淹溺	1 未制定度汛方案和超标准洪水应急预案； 2 未落实防汛抢险队伍和防汛器材、设备等物资； 3 未建立汛期值班和检查制度，未开展防洪度汛安全监测； 4 围堰型式、布置、结构设计，堰基处理不符合规范要求； 5 未建立接收和发布气象信息的工作机制； 6 未组织防汛应急演练
风险等级	重大风险		
位置			
评价时间			

安全标志

（当心落水、当心塌方、当心触电、禁止垂钓、禁止戏水、请穿救生衣）

管控措施

1 制定度汛方案和超标准洪水应急预案，并按规定报批报备；
2 落实防汛抢险队伍和防汛器材、设备等物资；
3 建立汛期值班和检查制度，开展防洪度汛安全检查，定期开展围堰安全监测，反映围堰工作状况；
4 按照专项施工方案填筑围堰，确保质量；
5 建立接收和发布气象信息的工作机制，保证汛情、工情、险情信息渠道畅通；
6 每年至少组织一次防汛应急演练

应急措施

1 落水者施救时应按"先近后远、先水面后水下"的顺序进行施救；
2 投入救生圈、木板、长杆等，让落水者漂浮水面和尽快上岸；
3 溺水者脱离水面后立即检查并清除其口、鼻腔内的水、泥及污物，解开溺水者衣扣、领口，以保持其呼吸道通畅，天气寒冷或溺水者体温较低时要采取保暖措施；
4 溺水者处于昏迷状态但呼吸心跳未停止，应立即进行口对口人工呼吸，同时进行胸外按压，直至溺水者心跳恢复呼吸为止，如溺水者心跳已停止，应先进行胸心脏按压，直至心跳恢复为止；
5 向上级报告，并拨打"120"急救电话，送医院救治

分级管控	项目法人	监理单位	施工单位
责任单位			
责任人			
联系电话			

图 2.1.37 SGZD037

安全风险公告牌

危险源	超标准洪水	事故类型

级别	重大危险源		1 淹溺
风险等级	重大风险		
位置			
评价时间			

事故诱因

1 未制定超标准洪水应急预案;
2 未落实防汛抢险队伍和防汛器材、设备等物资;
3 未建立汛期值班和检查制度,未开展防洪度汛安全检查;
4 监测、研判、预警工作不落实;
5 未组织防汛应急演练

管控措施

1 制定超标准洪水应急预案,并按规定报批报备;
2 落实防汛抢险队伍和防汛器材、设备等物资;
3 建立汛期值班和检查制度,开展防洪度汛安全检查;
4 明确雨水情,识别的风险等监测内容、方法、频次及监测信息管控,研判监测结果及时发出预警,明确预警的对象、内容及方式;
5 每年至少组织一次防汛应急演练

应急措施

1 落水者施救时应按"先近后远"、"先水面后水下"的顺序进行施救;
2 投入救生圈、木板、长杆等,让落水者漂浮水面和尽快上岸;
3 溺水者脱离水面后立即检查并清除其口、鼻腔内的水、泥及污物,解开溺水者衣扣、领口,以保持其呼吸道通畅,天气寒冷或溺水者体温较低时要采取保暖措施;
4 溺水者处于昏迷状态但呼吸心跳未停止,应立即进行口对口人工呼吸,同时进行胸外按压,直至溺水者恢复呼吸为止,如溺水者心跳已停止,应先进行胸外心脏按压,直到心跳恢复为止;
5 向上级报告,并拨打"120"急救电话,送医院救治

安全标志

分级管控		
责任单位	项目法人	监理单位	施工单位
责任人			
联系电话			

图 2.1.38　SGZD038

安全风险公告牌

危险源	级别	有限空间	事故类型
	风险等级	重大危险源	
		重大风险	1 中毒 2 其它伤害
	位置		
	评价时间		

事故诱因

1 未辨识有限空间危险有害因素;
2 未编制施工方案、未办理作业许可;
3 未做到"先通风、再检测、后作业";
4 未配备现场监护人员、未正确佩戴使用劳动防护用品和器具;
5 作业过程中、未持续通风、监测、监护;
6 未制定落实应急预案、未组织演练

安全标志	管控措施

安全标志

管控措施

1 辨识有限空间危险有害因素;
2 编制作业方案、办理作业许可;
3 遵循"先通风、再检测、后作业",进行含氧量、有毒有害有害易燃爆物质检测;
4 严格按照施工方案、关键部位悬挂安全警示牌、配备现场监护人员、正确佩戴使用劳动防护用品和工具;
5 作业过程中应持续通风、监测、监护、作业中断时应设警示标志并专人看守、中断后应重新检测、作业结束后、作业票存档备查;
6 编制应急预案、配备应急装备、定期组织演练

应急措施

1 施救人员穿戴好劳动防护用品(呼吸器、安全绳、安全带等)、系好安全带、方可进行施救;
2 用安全带系好被抢救者两腿根部及上体、妥善使患者脱离危险区域、施救人员与外面监护人保持联络;
3 向上级报告、并拨打"120"急救电话、送医院救治;
4 现场进行警戒、疏散现场无关人员

分级管控	项目法人	监理单位	施工单位
责任单位			
责任人			
联系电话			

图 2.1.39 SGZD039

安全风险公告牌

危 险 源	施工驻地及场站设置在可能发生滑坡、塌方等的危险区域	事故类型	事故诱因
级 别	重大危险源	1 坍塌 2 淹溺 3 物体打击	1 未建立地质灾害巡查制度； 2 未定期开展安全检查及周边环境监测； 3 驻地及场站四周未按规定做好安全防护措施； 4 无排水设施或排水不畅； 5 未编制应急预案并定期组织演练
风险等级	**重大风险**		
位 置			
评价时间			
安全标志	当心塌方 当心落物 当心淹溺 禁止停留 必须戴安全帽 必须穿救生衣		**管控措施**
			1 建立巡查制度； 2 定期开展安全检查及环境监测； 3 做好驻地及场站四周安全防护； 4 设置排水设施，定期维护、保持通畅； 4 编制应急预案，配备应急物资并定期组织演练
分级管控			**应急措施**
责任单位	项目法人	监理单位	施工单位
责任人			1 当发现险情迹象，应根据险情采取有效措施，组织消险或主动预防避让； 2 当险情扩大事故发生时，应立即向现场负责人报告，迅速启动现场处置方案，不得盲目施救； 3 迅速将伤者移至安全地带，根据伤情严重情况进行紧急救护，必要时拨打"120"电话，或直接用车送至就近医院救治（对受伤昏迷者可采取心肺复苏术以待专业医生救治）； 4 现场进行警戒，疏散现场无关人员
联系电话			

图 2.1.40 SGZD040

安全风险公告牌

危险源		液氨制冷	事故类型	事故诱因
级　别		重大危险源	1 中毒 2 其它伤害	1 未对工艺生产过程的参数进行监视； 2 制冷车间未设置有毒气体检测报警器，未按规定设置水喷淋和通风系统； 3 未设置紧急泄氨池，未设置应急备用电源； 4 配电系统、防雷接地系统不符合规范要求； 5 未配备或未正确使用劳动防护用品和工器具； 6 未制定应急预案，未落实救援器材，未开展应急演练
风险等级		重大风险		
位　置				
评价时间				

安全标志	管控措施
	1 对工艺生产过程的参数进行监视和报警； 2 制冷车间设有有毒气体检测报警器，按规定设置水喷淋系统和通风系统，报警系统与水喷淋系统、通风系统联锁； 3 设置紧急泄氨池，容量满足要求，应急或备用电源连续供电时间不小于 0.5 h； 4 配电系统、防雷接地系统满足规范要求； 5 作业人员正确使用和佩戴劳动防护用品和工器具； 6 制定应急预案，落实救援器材，开展应急演练

分级管控	项目法人	监理单位	施工单位	应急措施
责任单位				1 当发现险情迹象，应根据险情采取有效措施，组织消险或主动预防避让； 2 当险情扩大事故发生时，应立即向现场负责人报告，迅速启动现场处置方案，不得盲目施救； 3 迅速将伤者移至安全地带，根据伤情严重情况进行紧急救护，必要时拨打"120"电话，或直接用车送至就近医院救治（对受伤昏迷者可采取心肺复苏术以待专业医生救治）； 4 现场进行警戒，疏散现场无关人员
责任人				
联系电话				

图 2.1.41　SGZD041

2.2　水利工程施工一般危险源安全风险公告牌

　　水利工程施工一般危险源分五个类别,分别为施工作业类、机械设备类、设施场所类、作业环境类和其它类,各类别的辨识与评价对象主要有:

　　施工作业类:明挖施工,洞挖施工,填筑工程等。

　　机械设备类:运输车辆,特种设备,起重吊装及安装拆卸等。

　　设施场所类:存弃渣场,基坑,供电系统等。

　　作业环境类:不良地质地段,潜在滑坡区,野外有毒有害气体等。

　　其它类:野外施工,消防安全。

　　水利工程施工一般危险源安全风险公告牌见图例 SGYB001～SGYB030:

安全风险公告牌

危 险 源	级　别	一般危险源
	风险等级	（一般风险～重大风险）
	位　置	
	评价时间	

截流工程	事故类型	事故诱因
	1 溺水 2 坍塌 3 车辆伤害	1 未按照经批准的设计文件施工，变更设计未按规定程序报批； 2 未详细分析施工中可能存在（或产生）的不利于施工安全和工程质量的因素，未制定相应措施； 3 未按要求编制施工组织设计； 4 围堰堰型型式、布置、结构设计，堰基处理不符合规范要求

管控措施

1 应按照经批准的设计文件施工，变更设计应按规定程序报批；
2 详细分析施工中可能存在（或产生）的不利于施工安全和工程质量的因素，并制定相应措施；
3 按要求编制施工组织设计，可分段或分项编制，跨年度工程应分年编制；
4 按照专项施工方案填筑围堰，确保质量

应急措施

1 当发现险情迹象，应根据险情采取有效措施，组织消险或主动预防避让；
2 当险情扩大事故发生时，应立即向现场负责人报告，迅速启动现场处置方案，不得盲目施救；
3 根据伤情严重情况进行紧急救护，必要时拨打"120"电话，或直接用车送至就近医院救治（对受伤昏迷者可采取心肺复苏术以待专业医生救治）；
4 现场进行警戒，疏散现场无关人员

安全标志

当心落水　当心塌方　当心车辆　必须穿救生衣

分级管控	项目法人	监理单位	施工单位
责任单位			
责任人			
联系电话			

图 2.2.1　SGYB001

安全风险公告牌

危险源	堤防工程	事故类型	事故诱因
级　别	一般危险源	1 坍塌 2 机械伤害	1 未按照经批准的设计文件施工,变更设计未按规定程序报批; 2 未分析施工中可能存在或产生的不利于施工安全和工程质量的因素,未制定相应措施; 3 未按要求编制施工组织设计; 4 未做好现场勘定工作,取土区和弃土堆放场地不符合设计要求; 5 未对机械设备进行进场验收,未按安全操作规程作业,未持证上岗; 6 未配备或未正确使用劳动防护用品
风险等级	（低风险~较大风险）		
位　置			
评价时间			

安全标志		管控措施
		1 应按照经批准的设计文件施工,变更设计应按规定程序报批; 2 详细分析施工中可能存在或产生的不利于施工安全和工程质量的因素,并制定相应措施; 3 按要求编制施工组织设计,可分段或分项编制,跨年度工程应分年编制; 4 取土区和弃土堆放场地应符合设计要求,并做好现场勘定工作; 5 严格执行机械设备进场验收,严格执行安全操作规程,按规定持证上岗; 6 应配备和正确使用劳动防护用品

分级管控			应急措施
		施工单位	1 当发现险情迹象,应根据险情采取有效措施; 2 当险情扩大事故发生,应立即向现场负责人报告,组织消险或主动预防避让; 3 根据险情严重情况进行紧急救护,必要时拨打"120"电话或直接启动现场处置方案,迅速启动现场处置方案,不得盲目施救;对受伤伤亡者可采取心肺复苏术以待专业医生救治,电话或直接采用车送至就近医院救治; 4 现场进行警戒,疏散现场无关人员
责任单位	项目法人	监理单位	
责任人			
联系电话			

图 2.2.2　SGYB002

安全风险公告牌

危险源	大坝工程	事故类型	事故诱因
级别	一般危险源	1 坍塌 2 机械伤害	1 未编制施工组织设计与专项技术措施，超过一定标准未进行专题论证； 2 未按设计要求进行工程施工，未对不稳定边坡进行处理； 3 未根据工程地质和水文地质条件，制定施工技术措施或作业指导书； 4 未对机械设备进行进场验收，未按安全操作规程作业，未持证上岗； 5 未配备或未正确使用劳动防护用品
风险等级	（低风险~重大风险）		
位置			
评价时间			

管控措施
1 应编制施工组织设计与专项技术措施，超过一定标准应进行专题论证； 2 应按设计要求进行工程施工，应对不稳定边坡进行提前处理，对开挖边坡进行变形观测； 3 根据工程地质和水文地质条件，制定施工技术措施或作业指导书； 4 严格执行机械设备进场验收，严格执行安全操作规程，按现定持证上岗； 5 应配备和正确使用劳动防护用品

安全标志

（当心塌方　当心落物　必须戴防护手套　必须戴安全帽　必须穿防护服　必须持证上岗）

应急措施
1 当发现险情迹象，应根据险情采取有效措施，组织消险或主动预防避让； 2 当险情扩大事故发生时，应立即向现场负责人报告，迅速启动现场处置方案，不得盲目施救； 3 根据伤情严重情况进行紧急救护，必要时拨打"120"电话或直接启用车送至就近医院救治（对受伤昏迷者可采取心肺复苏术以待专业医生救治）； 4 现场进行警戒，疏散现场无关人员

分级管控	项目法人	监理单位	施工单位
责任单位			
责任人			
联系电话			

图 2.2.3　SGYB003

安全风险公告牌

危险源	灌注桩施工、旋挖桩施工、防渗墙施工	事故类型	事故诱因
级 别	一般危险源	1 触电 2 机械伤害	1 未按照施工方案编制有效的安全技术措施，未向施工人员交底； 2 未检查机械及防护设施，未遵守混凝土浇筑规定； 3 电气设备和线路未配备漏电保护装置； 4 未对机械设备进行进场验收，未按安全操作规程作业，未持证上岗； 5 未配备或未正确使用劳动防护用品
风险等级	（低风险~一般风险）		
位 置			
评价时间			

安全标志

必小心触电　注意机械伤害　必须戴安全帽　必须穿工作服　必须持证上岗

			管控措施
			1 应按确定的施工方案编制有效的安全技术措施，并向施工人员交底； 2 经常检查机械及防护设施，遵守混凝土浇筑规定； 3 施工现场电气设备和线路应绝缘良好，并配备漏电保护装置； 4 严格执行机械设备进场验收，严格执行安全操作规程，按规定持证上岗； 5 应配备和正确使用劳动防护用品
			应急措施
			1 迅速切断电源，或者用绝缘物体挑开电线或带电物体，使伤者尽快脱离电源，立即向现场负责人报告事故情况，不得盲目施救； 2 将伤者移至安全地带，根据伤情严重情况进行紧急救护，必要时拨打"120"电话，或直接用车送至就近医院抢救、治疗（对受伤昏迷送者可采取心肺复苏术以待专业医生救治）； 3 现场进行警戒，疏散现场无关人员

分级管控

责任单位	项目法人	监理单位	施工单位
责任人			
联系电话			

图 2.2.4 SGYB004

安全风险公告牌

危险源	沉井工程		事故类型	事故诱因
级　别	一般危险源		1 物体打击 2 机械伤害	1 未编制专项施工方案或方案未按规定进行审查论证； 2 未按照审核后的方案组织实施或擅自修改、调整方案，未对方案实施情况进行监督巡查； 3 未按规定进行安全技术交底，未落实安全防范措施； 4 未设置上下通道、安全警戒线和警示标志； 5 未对机械设备进行进场验收，未按安全操作规程作业，未持证上岗； 6 未配备或未正确使用劳动防护用品
风险等级	（低风险～重大风险）			
位　　置				
评价时间				

安全标志		管控措施
		1 编制专项施工方案，按规定进行审查论证； 2 严格按审批过的方案组织实施，并对方案的落实情况进行检查； 3 组织安全技术交底，落实安全防范措施； 4 按要求设置上下通道、安全警戒线和警示标志； 5 严格执行机械设备进场验收，严格执行安全操作规程，按规定持证上岗； 6 应配备和正确使用劳动防护用品

			应急措施
分级管控			1 当事故发生，危险区域人员应紧急疏散，立即向现场负责人报告事故情况并履行紧急救助，不得盲目施救； 2 迅速将伤者移至安全地带，根据伤情严重情况进行紧急救护，必要时拨打"120"电话，或直接用车送至就近医院抢救、治疗（对受伤昏迷者可采取心肺复苏术以待专业医生救治）； 3 现场进行警戒，疏散现场无关人员

责任单位	项目法人	监理单位	施工单位
责任人			
联系电话			

图 2.2.5　SGYB005

安全风险公告牌

危　险　源	混凝土拌合楼（系统）	事故类型	1 机械伤害 2 触电
级　　　别	一般危险源		
风险等级	（低风险～重大风险）		
位　　　置			
评价时间			

事故诱因
1 压力容器、安全阀等未定期校验，机械设备转动部位无防护设施； 2 电气设备和线路绝缘不符合要求，无接地、避雷装置或接不合格； 3 无安全作业通道，各平台无安全防护栏杆或防护墙体； 4 设备检修未切断电源，无警示标志，进人料仓工作、无专人监护； 5 开机前未检查，机械设备带病运行、未按安全操作规程作业

管控措施
1 压力容器、安全阀等应定期进行校验，机械设备转动部位应设防护设施； 2 电气设备和线路绝缘应良好，接地可靠，设有合格的避雷装置； 3 各层之间设有安全通道，临空边缘设有防护栏杆； 4 设备检修应切断相应电源，并挂警示标志，进人料仓工作、严格按安全操作规程作业； 5 开机前做好各项检查，严格按安全操作规程作业

应急措施
1 当事故发生，危险区或人员应紧急疏散，立即向现场负责人报告事故情况并履 行紧急救助，不得盲目施救； 2 迅速将伤者至安全地带，根据伤情严重情况进行紧急救护，必要时拨打 "120"电话，或直接用车送至就近医院抢救、治疗（对受伤昏迷者可采取心肺复苏 术以待专业医生救治）； 3 现场进行警戒、疏散现场无关人员

安全标志

当心触电　当心坠落　禁止停留　必须戴安全帽　必须接地

分级管控			
	施工单位	监理单位	项目法人
责任单位			
责任人			
联系电话			

图 2.2.6　SGYB006

安全风险公告牌

危 险 源		事故类型	事故诱因
级 别	一般危险源		1 未编制专项施工方案或方案未按规定进行审查论证; 2 未按照审核后的方案组织实施或擅自修改、调整方案,未对方案实施情况进行监督巡查; 3 未按规定进行安全技术交底,未落实安全防范措施; 4 未对机械设备进行进场验收,未按安全操作规程作业,未持证上岗; 5 未配备或未正确使用劳动防护用品; 6 未设置必要的安全围栏和警示标志,无专职人员监护
风险等级	(低风险~重大风险)	浇筑	
位 置		1 坍塌 2 物体打击 3 机械伤害	
评价时间			
安全标志		管控措施	
			1 编制专项施工方案,按规定进行审查论证; 2 严格按审批过的方案组织实施,并对方案的落实情况进行检查; 3 组织安全技术交底,落实安全防范措施; 4 严格执行机械设备进场验收、严格执行安全操作规程,按规定持证上岗; 5 应配备和正确使用劳动防护用品; 6 设置必要的安全围栏和警示标志,安排专职人员监护
分级管控		应急措施	
责任单位	项目法人	监理单位	施工单位
			1 当发现险情迹象,应根据险情采取有效措施,组织消险或主动预防避让; 2 当险情扩大事故发生时,应立即向现场负责人报告,应迅速启动现场处置方案,不得盲目施救; 3 迅速将伤者移至安全地带,根据伤情严重情况进行紧急救护,必要时拨打"120"电话,或直接用车送至就近医院救治(对受伤昏迷者可采取心肺复苏术以待专业医生救治; 4 现场进行警戒,疏散现场无关人员
责任人			
联系电话			

图 2.2.7 SGYB007

安全风险公告牌

危险源	脚手架工程		事故类型
级　别	一般危险源		1 坍塌
风险等级	（低风险~较大风险）		2 高处坠落
位　置			3 物体打击
评价时间			

事故诱因

1 未编制专项施工方案或方案未按规定进行审查论证；
2 未按照审核后的方案实施或擅自修改、调整方案实施，未对方案实施情况进行监督巡查；
3 未对构件与地基承载力进行设计计算，未对钢管等构配件进行检测验收；
4 未按规定进行安全技术交底，未组织检查、验收等；
5 未按安全操作规程作业，未设置安全防护和警示标志；
6 未配备或未正确使用劳动防护用品，未持证上岗

安全标志

⚠ 当心坠落　⚠ 当心落物　🚫 禁止落物　⚠ 必须戴安全帽　😷 必须系安全带　🚛 必须证上岗

管控措施

1 按规范对结构构件与地基承载力进行设计计算，编制专项施工方案，按规定进行审查论证；
2 严格按审批过的方案组织实施，并对方案的落实情况进行检查；
3 钢管、扣件等构配件经验收合格后投入使用；
4 组织安全技术交底，严格执行安全操作规程，设置安全距离；
5 组织检查、验收，明确安全距离，设置安全警戒线和警示标志，按规范持证上岗；
6 应配备和正确使用劳动防护用品，按规定持证上岗

应急措施

1 当发现险情迹象，应根据险情采取有效措施，组织消险或主动预防避让；
2 当事故发生，应立即向现场负责人报告，迅速启动现场处置方案，不得盲目施救；
3 迅速将伤者移至安全地带，根据伤情严重情况进行紧急救护，必要时拨打"120"电话，或直接用车送至就近医院救治（对受伤昏迷者可采取心肺复苏术以待专业医生救治）；
4 现场进行警戒，疏散现场无关人员

分级管控

	项目法人	监理单位	施工单位
责任单位			
责任人			
联系电话			

图 2.2.8 SGYB008

安全风险公告牌

危 险 源		自制倒料平台、移动操作平台工程		事故类型	
级 别		一般危险源		1 高处坠落 2 物体打击	
风险等级		（低风险～重大风险）			
位 置					
评价时间					

事故诱因

1 未进行设计计算，未编制专项方案；
2 架体结构材质和承载力不符合要求，平台面未满铺和固定；
3 未设置上下通道，临边未设置防护栏杆；
4 未设置允许负载值的限载牌及限定允许的作业人数、超重、超高堆放材料；
5 未定期检查和日常维护

管控措施

1 按规范对平台及架体结构和承载力进行设计计算，编制专项方案；
2 架体结构材质和承载力应符合现行国家标准要求；
3 平台应设置上下通道，临边设置防护栏杆，移动时，平台不得站人；
4 设置限载牌，严禁超重、超高堆放材料；
5 定期检查，专人日常维护

应急措施

1 当事故发生，危险区域人员应紧急疏散，立即向现场负责人报告事故情况并履行紧急救助，不得盲目施救；
2 迅速将伤员移至安全地带，根据伤情紧急救护，必要时拨打"120"电话，或直接用车送至就近医院抢救，治疗（对受伤昏迷者可采取心肺复苏术以待专业医生救治）；
3 现场进行警戒、疏散现场无关人员

安全标志

分级管控

责任单位	项目法人	监理单位	施工单位
责任人			
联系电话			

图 2.2.9 SGYB009

安全风险公告牌

危险源	模板拆除
级别	一般危险源
风险等级	（低风险~较大风险）
位置	
评价时间	

事故类型
1. 高处坠落
2. 物体打击

事故诱因
1. 无模板拆除方案，未按设计方案进行，未按规定进行安全技术交底；
2. 无模板拆除批准手续及混凝土的强度报告；
3. 未按规定逐次进行，留有悬空模板，未按安全操作规程作业；
4. 未设置警戒区域，无专人监护；
5. 未配备或未正确使用劳动防护用品

管控措施
1. 编制模板拆除方案，模板拆除顺序应按方案进行，组织安全技术交底；
2. 模板支架拆除必须有工程负责人的批准手续及混凝土的强度报告；
3. 模板拆除应按规定逐次进行，不得采用大面积撬落方法，拆除的模板、支撑、连接件应用槽滑下或用绳系下，不得留有悬空模板，严格按安全操作规程作业；
4. 拆模时必须设置警戒区域，并派专人监护；
5. 应配备和正确使用劳动防护用品

应急措施
1. 当事故发生，危险区域人员应紧急疏散，立即向现场负责人报告事故情况并履行紧急救助，不得盲目施救；
2. 迅速将伤者移至安全地带，根据伤情严重情况进行紧急救护，必要时拨打"120"电话，或直接用车送至就近医院抢救、治疗（对受伤昏迷者可采取心肺复苏术以待专业医生救治）；
3. 现场进行警戒，疏散现场无关人员

安全标志

当心坠落　当心落物　禁止抛物　必须戴安全帽　必须系安全带

分级管控

责任单位	项目法人	监理单位	施工单位
责任人			
联系电话			

图 2.2.10 SGYB010

安全风险公告牌

危险源	模板支撑工程	事故类型	事故诱因
级　别	一般危险源		1 未编制专项施工方案或方案未按规定进行审查论证； 2 未按照审核后的方案组织实施或擅自修改、调整方案，未对方案实施情况进行监督巡查； 3 未对模板结构或配件等材料进行检测验收； 4 未按规定进行安全技术交底，未组织检查、验收等； 5 未按安全操作规程作业，未设置安全防护和警示标志； 6 未配备或未正确使用劳动防护用品，未持证上岗
风险等级	（低风险～重大风险）	1 高处坠落 2 物体打击	
位　置			
评价时间			

安全标志

管控措施

1 编制专项施工方案，按规定进行审查论证；
2 严格按审批过的方案组织实施，并对方案的落实情况进行检查；
3 模板结构或配件等材料经验收合格后投入使用；
4 组织安全技术交底，严格执行安全操作规程，安全技术规范作业；
5 组织检查、验收，明确安全距离，设置安全警戒线和警示标志；
6 应配备和正确使用劳动防护用品，按规定持证上岗

应急措施

1 当事故发生，危险区域人员应紧急疏散，立即向现场负责人报告事故情况并履行紧急救助，不得盲目施救；
2 迅速将伤者移至安全地带，根据伤情严重情况进行紧急救护，治疗（对受伤后送者可采取心肺复苏术以待专业医生救治）；
3 现场进行警戒、疏散现场无关人员

分级管控

责任单位	项目法人	监理单位	施工单位
责任人			
联系电话			

图 2.2.11 SGYB011

安全风险公告牌

危险源 级别	焊接	一般危险源	事故类型	事故诱因
风险等级	（低风险～一般风险）		1 触电 2 电光性眼炎 3 火灾	1 未遵守本工作的安全操作规程和规章制度； 2 未办理动火审批手续，未落实安全措施后进行作业； 3 高空焊割作业时，未遵守相关规定； 4 设备无保护接地和安全防护装置，不满足安全相关要求； 5 未持证上岗； 6 未配备或未正确使用劳动防护用品
位置				
评价时间				

安全标志

必须戴防护眼镜　必须戴防护口罩　必须戴安全帽　必须接地　当心触电　当心火灾　必须穿工作服

管控措施

1 严格遵守本工作的安全操作规程和规章制度；
2 严格办理动火审批手续，落实安全措施后进行作业；
3 焊割作业遵守安全相关规定，设监护人，作业场所配备消防设施，特殊天气严禁焊接作业；
4 焊接设备应做好接地和安全防护装置；
5 作业人员应持证上岗；
6 应配备和正确使用劳动防护用品

应急措施

1 当事故发生，危险区域人员应紧急疏散，立即向现场负责人报告事故情况并展行紧急救助，不得盲目施救；
2 迅速将伤者移至安全地带，根据伤情严重情况进行紧急救护，必要时拨打"120"电话，或直接用车送至就近医院抢救，治疗（对受伤送者可采取心肺复苏术以待专业医生救治）；
3 现场进行警戒，疏散现场无关人员

分级管控	项目法人	监理单位	施工单位
责任单位			
责任人			
联系电话			

图 2.2.12 SGYB012

安全风险公告牌

危险源级别	金属结构制造	事故类型	事故诱因
风险等级	一般危险源 （低风险～重大风险）	1 机械伤害	1 未编制工艺技术文件或专项技术措施和安全技术措施，未经审批； 2 未按照方案组织实施或擅自修改调整方案，未对方案落实情况进行检查； 3 未开展安全技术交底，作业通道、平台等无相关的安全防护措施； 4 未设置警戒区，无专人监护； 5 未组织检查验收起重设备、安全装置、吊具、索具等器具； 6 未配备或未正确使用劳动防护用品，证照不全或无证上岗，违反"十不吊"规定
位置			
评价时间			
安全标志			管控措施
			1 编制工艺技术文件或专项技术方案和安全技术措施，并按规定进行审批； 2 严格执行专项施工方案，跟踪检查方案落实情况； 3 开展安全技术交底，落实各项安全防护措施； 4 作业场所按规定设置警戒区、悬挂警示标志，现场明确专人监护； 5 开展设备设施、安全装置和吊索具专项检查验收； 6 应配备和正确使用劳动防护用品，按规定持证上岗，严格执行操作规程
			应急措施
			1 当事故发生，危险区域人员应紧急疏散，立即向现场负责人报告事故情况并履行紧急救助，不得盲目施救； 2 迅速将伤者移至安全地带，根据伤情严重情况进行紧急救护，必要时拨打"120"电话，或直接用车送至就近医院抢救、治疗（对受伤送者可采取心肺复苏术以待专业医生生救治）； 3 现场进行警戒、疏散现场无关人员

分级管控	责任单位	责任人	联系电话
施工单位			
监理单位			
项目法人			

图 2.2.13　SGYB013

安全风险公告牌

危 险 源		金属结构安装	事故类型	事故诱因
级 别		一般危险源		1 未编制专项施工方案或方案未按规定进行审查论证； 2 未按照专业方案实施或擅自修改调整方案，未对方案落实情况进行检查； 3 未开展安全技术交底，作业通道、平台等无相关的安全防护措施； 4 未设置警戒区，无专人监护； 5 未组织检查验收起重设备、安全装置、吊具、索具等器具； 6 未配备或未正确使用劳动防护用品，证照不全或无证上岗，违反操作规程
风险等级		（低风险～较大风险）	1 起重伤害 2 高处坠落	
位 置				
评价时间				

安全标志

当心落物　当心坠落　必须戴安全帽　必须戴防护手套　必须持证上岗

管控措施

1 编制专项施工方案，并按规定进行论证、审核和审批；
2 严格执行专项施工方案、跟踪检查各项方案落实情况；
3 开展安全技术交底，落实各项安全防护措施；
4 作业场所按规定设置警戒区，悬挂警示标志，现场明确专人监护；
5 开展设备设施、安全装置和吊索具专项检查验收；
6 应配备和正确使用劳动防护用品，按规定持证上岗，严格执行操作规程

应急措施

1 当事故发生，危险区域人员应紧急疏散，立即向现场负责人报告事故情况并展开紧急救助，不得盲目施救；
2 迅速将伤者移至安全地带，根据伤情严重情况进行紧急救护，必要时拨打"120"电话，或直接用车送至就近医院抢救、治疗（对受伤昏迷者可采取心肺复苏术以待专业医生救治）；
3 现场进行警戒，疏散现场无关人员

分级管控

责任单位	施工单位	监理单位	项目法人
责任人			
联系电话			

图 2.2.14　SGYB014

安全风险公告牌

危险源	级别	水轮机及发电机安装	事故类型	事故诱因
	级别	一般危险源		1 未编制专项施工方案或方案未按规定进行审查论证;
风险等级		（低风险~一般风险）	1 起重伤害	2 未按照方案组织实施或擅自修改调整方案,未对方案落实情况进行检查;
位置			2 高处坠落	3 未开展安全技术交底,未按规定落实安全防护措施;
评价时间				4 未设置警戒区,无专人监护;
				5 起重设备、安全装置、吊具、索具等未组织检查验收;
				6 证照不全或无证上岗,违反"十不吊"规定;
				7 未配备或未正确使用劳动防护用品

安全标志

（安全标志图形：当心触电 当心坠落 当心机械伤人 必须戴安全帽 必须戴防护手套 必须戴防尘口罩 必须穿防护鞋 必须持证上岗）

	管控措施
	1 编制专项施工方案,并按规定进行论证、审核和审批;
	2 严格执行专项施工方案,跟踪检查方案落实情况;
	3 开展安全技术交底,落实安全防护措施;
	4 划定作业区域,明确专人监护,设置警示标志;
	5 开展设备设施、安全装置和吊索具专项检查验收;
	6 按规定持证上岗,严格执行操作规程;
	7 应配备和正确使用劳动防护用品

	应急措施
	1 当事故发生,危险区域人员应紧急疏散,立即向现场负责人报告事故情况并履行紧急救助,不得盲目施救;
	2 迅速将伤员移至安全地带,根据伤情严重情况进行紧急救护,必要时拨打"120"电话,或直接用车送至就近医院抢救,治疗(对受伤昏迷者可采取心肺复苏术以待专业医生救治);
	3 现场进行警戒,疏散现场无关人员

分级管控			
责任单位	项目法人	监理单位	施工单位
责任人			
联系电话			

图 2.2.15 SGYB015

安全风险公告牌

危险源		事故类型	事故诱因
类别	高空作业及上下交叉作业	1 高处坠落 2 物体打击	1 未在施工组织设计或施工方案中制定高处作业安全技术措施； 2 未按类别对安全防护设施进行检查、验收，未做验收记录； 3 未对作业人员进行安全技术交底，未对初次作业人员进行培训； 4 未悬挂安全警示标志，夜间未设红灯警示，未检查高处作业的安全标志、仪表、电气设施和设备； 5 未系安全带，未检查脚手架、跳板的搭设牢固可靠
级别	一般危险源		
风险等级	（一般风险～重大风险）		
位置			
评价时间			

安全标志

当心坠落　当心落物　禁止抛物　必须戴安全帽　必须系安全带

管控措施

1 应在施工组织设计或施工方案中制定高处作业安全技术措施；
2 高处作业施工前，按类别对安全防护设施进行检查、验收，验收合格后方可进行作业，并做验收记录；
3 作业前对作业人员进行安全技术交底，对初次作业人员进行培训；
4 根据各类安全警示标志悬挂于施工现场各相应部位，夜间应设红灯警示，高处作业前，检查高处作业的安全标志、工具、仪表、电气设施和设备，确认其是否完好，进行施工；
5 高处作业时，系安全带，并检查脚手架、跳板的搭设牢固可靠

应急措施

1 当事故发生，危险区域人员应紧急疏散，立即向现场负责人报告事故情况并履行紧急救助，不得盲目施救；
2 迅速将伤者移至安全地带，根据伤情严重情况进行紧急救护，必要时拨打"120"电话，或直接用车送至就近医院抢救、治疗（对受伤昏迷者可采取心肺复苏术以待专业医生救治）；
3 现场进行警戒，疏散现场无关人员

分级管控

责任单位	施工单位	监理单位	项目法人
责任人			
联系电话			

图 2.2.16　SGYB016

安全风险公告牌

危 险 源 别	一般建筑物拆除			事故类型	事故诱因
级　别	一般危险源			1 物体打击 2 机械伤害	1 未编制专项施工方案或方案未按规定进行审查论证； 2 未按照审核后的方案组织实施或擅自修改、调整方案，未对方案实施情况进行监督巡查； 3 未按规定进行安全技术交底，未落实安全防范措施； 4 未设置围栏和安全警示标志；未设专人监护； 5 未对机械设备进行进场验收，未按安全操作规程作业，未持证上岗； 6 未配备或未正确使用劳动防护用品
风险等级	（低风险~重大风险）				
位　置					
评价时间					

安全标志					管控措施
当心落物　当心坠落伤人　当心塌方　禁止攀登　必须戴安全帽					1 编制专项施工方案，按规定进行审查论证； 2 严格按审批过的方案组织实施，并对方案的落实情况进行检查； 3 组织安全技术交底，落实安全防范措施； 4 设置警戒区和警示标志，明确专人监护； 5 严格执行机械设备进场验收，严格执行安全操作规程，按规定持证上岗； 6 应配备和正确使用劳动防护用品

分级管控	项目法人	监理单位	施工单位	应急措施
责任单位				1 当事故发生，危险区域人员应紧急疏散，立即向现场负责人报告事故情况并履行紧急救助，不得盲目施救； 2 迅速将伤者移至安全地带，根据伤情严重情况进行紧急救护，必要时拨打"120"电话，或直接用车送至就近医院抢救、治疗（对受伤患者可采取心肺复苏术以待专业医生救治）； 3 现场进行警戒、疏散现场无关人员
责任人				
联系电话				

图 2.2.17　SGYB017

安全风险公告牌

危 险 源	降排水期间影响范围内的建筑物		事故类型	
级　别	一般危险源		1 坍塌	
风险等级	低风险			
位　置				
评价时间				

事故诱因

1 未编制专项施工方案或方案未按规定进行审查论证;
2 未按照审核后的方案实施或擅自修改、调整方案,未对方案实施情况进行监督巡查;
3 未按规定进行安全技术交底,未落实安全防范措施;
4 未设置警戒区和安全警示标志,未设专人监管;
5 未在降水影响范围的不同部位设置固定变形观测点,未在降水影响范围以外设置固定基准点

管控措施

1 施工前,按照施工组织设计确定的施工方案制订有效的安全技术措施;
2 严格按审批过的方案组织实施,并对方案的落实安全情况进行检查;
3 按规定进行安全技术交底,落实安全防范措施;
4 设置警戒区和安全警示标志,设专人监管;
5 应在建筑物、构筑物、地下管线受降水影响范围的不同部位设置固定变形观测点,观测点不宜少于4个,另在降水影响范围以外设置固定基准点

安全标志

（禁止停留　当心塌方）

应急措施

1 当发现险情迹象,应根据险情采取有效措施,组织消险或主动预避让;
2 当险情扩大事故发生时,应立即向现场负责人报告,迅速启动现场处置方案,同时紧急疏散危险区域人员;
3 根据伤情严重情况进行紧急救护,必要时拨打"120"电话,或直接用车送至就近医院救治(对受伤昏迷者可采取心肺复苏术以待专业医生救治);
4 现场进行警戒,疏散现场无关人员

分级管控

	施工单位	监理单位	项目法人
责任单位			
责任人			
联系电话			

图 2.2.18　SGYB018

安全风险公告牌

危险源	别	降水井	事故类型
级　　别	一般危险源		
风险等级	低风险		1 坍塌
位　　置			
评价时间			

事故诱因

1 未编制专项施工方案或方案未按规定进行审查论证；
2 未按照审核后的方案实施或擅自修改、调整方案，未对方案实施情况进行监督巡查；
3 未按规定进行安全技术交底，未落实安全防范措施；
4 未设置警戒区和安全警示标志，未设专人监督；
5 未在降水影响范围的不同部位设置固定变形观测点，未在降水影响范围以外设置固定基准点

安全标志

管控措施

1 施工前，按照施工组织设计确定的施工方案制订有效的安全技术措施；
2 严格按审批过的方案组织实施，并对方案的落实情况进行检查；
3 按规定进行安全技术交底，落实安全防范措施；
4 设置警戒区和安全警示标志，设专人监督；
5 应在建筑物、构筑物、地下管线受降水影响范围的不同部位设置固定变形观测点，观测点不宜少于 4 个，另在降水影响范围以外设置固定基准点

分级管控

责任单位	项目法人	监理单位	施工单位
责任人			
联系电话			

应急措施

1 当发现险情迹象，应根据险情采取有效措施，组织消险或主动预防避让；
2 当险情扩大事故发生时，应立即向现场负责人报告，迅速启动现场处置方案，同时紧急疏散危险区域人员；
3 根据伤情严重情况进行紧急救护，必要时拨打"120"电话，或直接用车送至就近医院救治（对受伤昏迷者可采取心肺复苏术以待专业医生救治）；
4 现场进行警戒，疏散现场无关人员

图 2.2.19　SGYB019

安全风险公告牌

危 险 源	潜水作业	事故类型	
级 别	一般危险源	1 淹溺	
风险等级	（低风险～较大风险）		
位 置			
评价时间			

事故诱因

1 未编制专项施工方案或方案未按规定进行审查论证；
2 未按照审核后的方案自修改调整方案，未对方案实施情况进行监督巡查；
3 未按规定进行安全技术交底，未落实安全防范措施；
4 未配备或未正确使用劳动防护用品

管控措施

1 编制专项施工方案，按规定进行审查论证；
2 严格按审批过的方案组织实施，并对方案的落实情况进行检查；
3 组织安全技术交底，落实安全防范措施；
4 应配备和正确使用劳动防护用品

应急措施

1 投入救生圈，木板，长杆等，让落水者漂浮水面和尽快上岸，落水施救时应按"先近后远，先水面后水下"的顺序进行施救；
2 溺水者脱离水面后立即检查并清除其口，鼻腔内的水，泥及污物，解开溺水者衣扣，领口，以保持其呼吸道通畅，天气寒冷或溺水者体温较低时要采取保暖措施；
3 溺水者处于昏迷状态但呼吸心跳未停止，应立即进行口对口人工呼吸，同时进行胸外按压，直至溺水者呼吸恢复为止，如溺水者心跳已停止，应先进行胸外心脏按压，直至心跳恢复为止；
4 向上级报告，并拨打"120"急救电话，送医院救治

安全标志

分级管控

	项目法人	监理单位	施工单位
责任单位			
责任人			
联系电话			

图 2.2.20 SGYB020

安全风险公告牌

危险源	顶管作业		事故类型	事故诱因
级　别	一般危险源		1 坍塌 2 窒息	1 未辨识有限空间危险有害因素； 2 未编制施工方案，未办理作业许可； 3 未做到"先通风，再检测，后作业"； 4 作业过程中，未持续通风，监测、监护； 5 未配备现场监护人员，未正确佩戴使用劳动防护用品和工器具； 6 未制定落实应急预案，未组织演练
风险等级	（低风险～重大风险）			
位　置				
评价时间				
安全标志				管控措施
				1 辨识有限空间危险有害因素； 2 编制作业方案，办理作业许可； 3 遵循"先通风再检测后作业"，进行含氧量和有毒有害等物质检测； 4 作业过程中应持续通风，监测、监护，监测、监护，作业结束后，作业票存档备查； 5 严格按照施工方案，关键部位各挂安全警示牌、配备现场监护人员，正确佩戴使用劳动防护用品和工器具； 6 编制应急预案，配备应急装备，定期组织演练
分级管控				应急措施
责任单位	项目法人	监理单位	施工单位	1 当发现险情迹象，应根据险情采取有效措施，组织消险或主动预防避让； 2 当险情扩大事故发生时，应立即向现场负责人报告，迅速启动现场处置方案，同时紧急疏散危险区域人员； 3 根据伤情严重情况进行紧急救护，必要时拨打"120"电话，或直接用车送至就近医院救治（对受伤昏迷者可采取心肺复苏至苏未以待专业医生救治）； 4 现场进行警戒，疏散现场无关人员
责任人				
联系电话				

图 2.2.21　SGYB021

安全风险公告牌

危险源别	运输车辆	事故类型		事故诱因
级别	一般危险源	1 车辆伤害		1 超速、超载行驶、违规载人； 2 车辆带病运行； 3 大件运送事前未组织调查分析； 4 酒后驾驶、疲劳驾驶、无证驾驶等
风险等级	（低风险～较大风险）			
位置				
评价时间				
安全标志		管控措施		1 明确专人指挥，严禁超速、超载行驶、违规载人； 2 定期对车辆进行检测、检查，确保不带病运行； 3 大件运送时，事先对路基、桥涵的承载能力、弯道半径、险坡以及沿途架空线路高度、桥洞净空和其它障碍物等进行调查分析，确认可靠后方可办理运输事宜； 4 加强教育培训，不得酒后驾驶、疲劳驾驶、无证驾驶
		应急措施		1 立即停车，查看伤情，转移至安全区域； 2 若因外伤流血，应采用包扎、指压、止血带、填塞等方法进行止血； 3 若被困无法进行救治，应立即拨打"119"报警电话，说明情况，等待救援，同时利用现场工具尝试自救； 4 若发生火灾，根据现场火势，利用现场灭火器材进行灭火，并向上级报告； 5 拨打"120""119"等救援电话，并向上级报告
分级管控	项目法人	监理单位	施工单位	
责任单位				
责任人				
联系电话				

图 2.2.22 SGYB022

安全风险公告牌

危 险 源	大型施工机械的安装、运行及拆卸		事故诱因	事故类型
级　别	一般危险源		1 无机械使用说明书或未按说明书要求进行作业； 2 未进行地基基础承载力验算； 3 未开展安全技术交底，未验收合格人员使用； 4 未设置警戒区，无专人监护； 5 无安全防护和保险装置或不齐全，带病运转； 6 未配备或未正确使用劳动防护用品，证照不全或无证上岗，未按安全操作规程作业	1 起重伤害 2 机械伤害
风险等级	（一般风险～重大风险）			
位　置				
评价时间				
安全标志			管控措施	
			1 严格按照机械使用说明书要求作业； 2 按机械使用说明书规定进行技术性能、承载能力验收； 3 开展安全技术交底，安装验收合格后投入使用，落实安全防护措施； 4 划定作业区域，明确专人监护，设置警示标志； 5 保证安全防护装置、保险装置、报警装置等齐全有效，严禁带病运转； 6 正确佩戴劳动防护用品，按规定持证上岗，严格执行操作规程	
分级管控			应急措施	
责任单位	项目法人	监理单位	1 当事故发生，危险区域人员应紧急疏散，立即向现场负责人报告事故情况并展行紧急救助，不得盲目施救； 2 迅速将伤者移至安全地带，根据伤情严重情况进行紧急救护，必要时拨打"120"电话，或直接用车送至就近医院抢救（对受伤昏迷者可采取心肺复苏术以待专业医生救治）； 3 现场进行警戒，疏散现场无关人员	施工单位
责任人				
联系电话				

图 2.2.23　SGYB023

安全风险公告牌

危险源	起重机械设备自身的安装、拆卸作业	事故类型	事故诱因
级 别	一般危险源		1 未编制专项施工方案或方案未按规定进行审查论证； 2 未按照方案实施或擅自修改调整方案，未对方案落实情况进行检查； 3 未开展安全技术交底，未按规定落实安全防护措施； 4 未设置警戒区，无专人监护； 5 起重设备、安全装置、吊具、索具等未组织检查验收； 6 未配备或未正确使用劳动防护用品，证照不全或无证上岗，违反"十不吊"规定
风险等级	（一般风险～重大风险）	1 起重伤害 2 高处坠落	
位 置			
评价时间			

安全标志	管控措施
	1 编制专项施工方案，并按规定进行论证、审核和审批； 2 严格执行专项施工方案，跟踪检查方案落实情况； 3 开展安全技术交底，落实安全防护措施； 4 划定作业区域，明确专人监护，设置警示标志； 5 开展设备设施、安全装置和吊索具专项检查验收； 6 正确佩戴劳动防护用品，按规定持证上岗，严格执行操作规程

			应急措施
分级管控			1 当事故发生，危险区域人员应紧急疏散，立即向现场负责人报告事故情况并履行紧急救助，不得盲目施救； 2 迅速将伤者移至安全地带，根据伤情严重情况进行紧急救护，必要时拨打"120"电话，或直接用车送至医院抢救、治疗（对受伤送者可采取心肺复苏术以待专业医生救治）； 3 现场进行警戒，疏散现场无关人员
责任单位	项目法人	监理单位	施工单位
责任人			
联系电话			

图 2.2.24　SGYB024

安全风险公告牌

危险源	基坑		事故类型	事故诱因
级别	一般危险源		1 坍塌 2 高处坠落	1 未编制专项施工方案或方案未按规定进行审查论证； 2 未按照方案实施或擅自修改、调整方案； 3 未开展安全技术交底，未对方案落实情况进行检查； 4 基坑未按设计要求进行支护和降排水，无人员上下专用通道； 5 临边无防护，无人员上下专用通道； 6 未佩戴劳动防护用品
风险等级	（低风险~重大风险）			
位置				
评价时间				
安全标志	当心塌方 当心坠落 禁止堆放 必须戴安全帽			管控措施 1 编制专项施工方案，并按规定进行论证、审核和审批； 2 严格执行基坑支护和降排水设计方案； 3 开展安全技术交底，跟踪检查方案落实情况； 4 定期对基坑支护结构及周边环境监测、巡查、汛期重点检查； 5 做好基坑临边防护，设置人员上下通道； 6 正确佩戴劳动防护用品
分级管控	项目法人	监理单位	施工单位	应急措施 1 立即停止施工，组织人员撤离危险区； 2 查看伤情并迅速将伤者移至安全地带，清除伤员口、鼻泥块、凝血块、呕吐物等，将伤员舌头拉出，以防窒息，对骨折、外伤流血的伤者，简易或简易固定，对呼吸、心跳停止的伤员予以心肺复苏、送医院救治； 3 向上级报告，并拨打"120"急救电话，送医院救治； 4 现场进行警戒，疏散现场无关人员
责任单位				
责任人				
联系电话				

图 2.2.25　SGYB025

安全风险公告牌

危险源		储存量低于临界量的乙炔等危险化学品	事故类型	事故诱因
级 别		一般危险源		1 现场超量存储； 2 储存间与明火或发散发火花地点小于安全距离； 3 气瓶存储点无遮挡，受暴晒，无消防设施； 4 乙炔瓶倾倒放置； 5 乙炔瓶与氯气瓶、氧气瓶及易燃物品同间储存； 6 未明确专人管理，未设置警示标志
风险等级		参照《危险化学品重大危险源辨识》(GB 18218—2018)标准	1 火灾 2 爆炸	
位 置				
评价时间				
安全标志			管控措施	
			1 在使用乙炔瓶的现场，储存量不应超过 5 瓶； 2 储存间与明火或发散发火花地点的距离，不应小于 15 m； 3 储存应有良好的通风，降温等设施，要避免阳光直射，应设有消防设施； 4 乙炔瓶应保持直立位置，并应有防止倾倒的措施； 5 乙炔瓶严禁与氯气瓶、氧气瓶及易燃物品同间储存； 6 乙炔瓶储存间应有专人管理，在醒目地方应设置"乙炔危险""严禁烟火"等警示标志	
分级管控			应急措施	
责任单位	项目法人	监理单位	施工单位	1 发现火情，立即用消防器材灭火，如火势过大，拨打"119"报警电话并撤离现场，设法躲避爆炸物，在可能的情况下尽快撤离至安全区域； 2 立即向现场负责人报告事故情况并履行紧急救助，不得盲目施救； 3 将伤员移至安全地带，根据伤情严重情况进行紧急救治(对受伤昏迷者可采取心肺复苏术以待专业医生救治，或直接送至就近医院抢救治疗)； 4 现场进行警戒，疏散现场无关人员
责任人				
联系电话				

图 2.2.26 SGYB026

安全风险公告牌

危 险 源		加工机械	事故类型	事故诱因
级 别		一般危险源	1 机械伤害	1 设备有功能性损失或缺陷; 2 安全装置不齐全或不灵敏; 3 未配备或未正确使用劳动防护用品; 4 违章操作
风险等级		(低风险～较大风险)		
位 置				
评价时间				
安全标志				管控措施
				1 进场验收; 2 定期检查、维护保养; 3 进行安全交底,按作业要求配备和正确使用劳动防护用品; 4 严格执行操作规程
分级管控				应急措施
	项目法人	监理单位	施工单位	1 立即停止设备运行、切断电源,将伤者移至安全地带; 2 对外伤流血、骨折的伤者,进行简易包扎、止血或固定后再搬运,出现颅脑损伤,必须保证伤者呼吸通畅,对昏迷者应使其平卧、面部转向一侧,以防舌根下坠或分泌物、呕吐物吸入,发生喉阻塞; 3 遇呼吸、心跳停止者,应立即进行人工呼吸、胸外心脏按压直至呼吸、心跳恢复或直至“120”急救人员交接; 4 向上级报告,并拨打“120”急救电话,送医院救治
责任单位				
责任人				
联系电话				

图 2.2.27　SGYB027

安全风险公告牌

危险源	预制构件制作	事故类型	事故诱因
级　别	一般危险源	1 机械伤害	1 设备有功能性损失或缺陷； 2 安全装置不齐全或不灵敏； 3 未配备或未正确使用劳动防护用品； 4 违章操作
风险等级	（低风险～较大风险）		
位　置			
评价时间			

安全标志		管控措施
注意安全　必戴安全帽　必须系安全带　必须穿防护鞋		1 进场验收； 2 定期检查、维护保养； 3 进行安全交底，按作业要求配备和正确使用劳动防护用品； 4 严格执行操作规程

分级管控	施工单位	监理单位	项目法人	应急措施
责任单位				1 立即停止设备运行，切断电源，将伤者移至安全地带； 2 对外伤流血，骨折的伤者，进行简易包扎，止血或固定后再搬运，出现颅脑损伤，必须保证伤者呼吸通畅，对昏迷者应使其平卧，面部转向一侧，以防舌根下坠或分泌物、呕吐物吸入，发生喉阻塞； 3 遇呼吸、心跳停止者，应立即进行人工呼吸、胸外心脏按压直至呼吸、心跳恢复或直至与"120"急救人员交接； 4 向上级报告，并拨打"120"急救电话，送医院救治
责任人				
联系电话				

图 2.2.28　SGYB028

安全风险公告牌

危险源	可燃物的堆放与使用		事故类型	事故诱因
级　　别	一般危险源			1 无可燃物堆放与使用管理制度； 2 未建立消防安全管理制度； 3 未按规定配备消防设施或器材； 4 未定期检查
风险等级	（低风险～一般风险）		1 火灾	
位　　置				
评价时间				

安全标志				管控措施
				1 建立可燃物堆放与使用管理制度； 2 建立消防安全管理制度； 3 按规定要求配备消防设备器材； 4 定期开展安全检查，组织演练

分级管控	项目法人	监理单位	施工单位	应急措施
责任单位				1 发现火情，立即用消防器材灭火，如火势过大，拨打"119"报警电话并撤离现场，立即向现场负责人报告事故情况并履行紧急救助，不得盲目施救； 2 将伤员移至安全地带，根据伤情严重情况进行紧急救护，必要时拨打"120"电话，或直接送至就近医院抢救治疗（对受伤昏迷者可采取心肺复苏术以待专业医生救治）； 3 现场进行警戒，疏散现场无关人员
责任人				
联系电话				

图 2.2.29　SGYB029

安全风险公告牌

危险源别	生活区用电、明火		事故类型			事故诱因
级别	一般危险源		1 触电 2 火灾			1 未建立安全用电及消防安全管理制度; 2 私拉乱接,违章使用大功率电器; 3 线路老化,未及时检修、更换; 4 未配备消防器材或未按规定配置
风险等级	(低风险～一般风险)					
位置						
评价时间						
安全标志	当心触电 当心火灾 禁止烟火					**管控措施** 1 建立安全用电及消防安全管理制度; 2 宿舍严禁私拉乱接,使用大功率电器; 3 加强安全教育培训及定期排查,更换老化线路、开关; 4 按规定配置消防器材
分级管控	项目法人	监理单位	施工单位			**应急措施** 1 发现火情时,迅速切断电源,就近选取消防器材灭火,如果火势大大,向上级报告并拨打"119",现场进行警戒,等待专业消防人员救援; 2 发生触电时,用绝缘物体挑开电线或使带电物体尽快脱离电源,使伤者移至安全地带; 3 若伤者失去知觉、心脏、呼吸还在,应使其平卧,解开衣服,以利呼吸,若触电者呼吸、脉搏停止,必须实施人工呼吸或胸外心脏按压法抢救; 4 向上级报告,并拨打"120"急救电话,送医院救治
责任单位						
责任人						
联系电话						

图 2.2.30　SGYB030

3 水利工程泵站运行危险源安全风险公告牌

3.1 水利工程泵站运行重大危险源安全风险公告牌

水利工程泵站运行重大危险源分六个类别,分别为构(建)筑物类、金属结构类、设备设施类、作业活动类、管理类和环境类,各类的辨识与评价对象主要有:

构(建)筑物类:进、出水建筑物等。

设备设施类:电气设备、特种设备等。

金属结构类:压力钢管等。

作业活动类:作业活动等。

管理类:运行管理等。

环境类:自然环境等。

水利工程泵站运行重大危险源安全风险公告牌见图例 BZZD001~BZZD008。

安全风险公告牌

危险源	穿堤涵洞	事故类型	事故诱因
级别	重大危险源	1 坍塌 2 淹溺	1 因穿堤涵洞变形、开裂，止水失效导致堤防渗漏、破坏，水淹站区； 2 工程超标准运用； 3 未按要求对建筑物进行工程检查及工程观测； 4 未及时进行建筑物养护维修； 5 未定期进行建筑物评级及安全鉴定
风险等级	重大风险		
位置	进出水建筑物		
评价时间			管控措施

管控措施

1 编制应急预案并报有关部门批准，定期开展培训和应急演练；
2 遇到超标准的洪、涝、旱灾时，应根据上级主管部门的要求进行调度，制定预案，提出可行的应急措施；
3 按规范要求进行日常检查、定期检查、专项检查，一般性观测及专门性观测；
4 坚持"经常养护，及时维修，养修并重"，对检查发现的缺陷和问题，随时进行养护维修；
5 按规范要求及时进行建筑物评级及安全鉴定，并向上级主管部门汇报

应急措施

1 当出现险情时，应立即组织消险，建筑物与堤结合部位出现集中渗漏（接触冲刷）时，应按上堵下排的原则处理，穿堤涵洞裂缝、断裂或接头错位、水流向堤渗漏的，应立即关闭闸门或堵闭孔洞，同时回填洞顶及出口等部位的陷坑；
2 当险情扩大，应迅速启动相关应急预案，立即向相关部门汇报，紧急疏散危险区域人员；
3 出现人员伤亡时，根据伤情严重情况进行紧急救护，必要时拨打"120"电话，尽快就医

安全标志

当心溺水　禁止游泳　禁止翻越　禁止戏水　禁止跨越　禁止烟火　禁止装入　当心坠落　禁止酒后上岗　必须持证作业

分级管控

责任单位	管理单位	基层站所	班组	岗位
责任人				
报告电话	基层站所值班电话： 管理单位值班电话：			

图 3.1.1　BZZD001

安全风险公告牌

危 险 源	压力钢管、阀组、伸缩节	事故类型	事故诱因
级　别	重大危险源	1 物体打击 2 其它爆炸	1 变形、锈蚀、未定期检验、紧急关阀、水锤防护设施失效导致爆管、顶部溢水、塌陷、漏水、水淹厂房及周边设施、人员伤亡； 2 未按规范要求定期进行检修和保养； 3 未按规范要求经常或定期对压力钢管、阀组、伸缩节等进行检查、人工巡查； 4 未按要求规定进行检测和试验
风险等级	重大风险		
位　置	联轴器层		
评价时间			
安全标志			管控措施
安全标志（当心爆炸、禁止烟火、当心触电、禁止跨越、禁止入内、禁止堆放、注意通风、必须穿防护服）			1 编制应急预案并报有关部门批准、定期开展培训和应急演练； 2 按规范要求，对压力钢管、阀组、伸缩节等定期进行防腐处理，达到相应使用年限的，应进行安全检测； 3 按规范要求，出现锈蚀、裂缝或失稳等情况应修复或更换； 4 按规范要求制定检查制度，并按检查内容认真开展日常检查、定期检查、专项检查
			应急措施
分级管控			1 发生险情后，压力钢管、阀组、伸缩节出现异常应第一时间进行降压，直至停车； 2 当险情扩大，应迅速启动相关应急预案，立即向上级主管部门汇报； 3 出现人员伤亡时，应根据伤情严重情况进行紧急救护，必要时拨打"120"电话，尽快就医

分级管控	管理单位	基层站所	班组	岗位
责任单位				
责任人				
报告电话	基层站所值班电话： 管理单位值班电话：			

图 3.1.2 BZZD002

安全风险公告牌

危　险　源	配电设备	事故诱因
级　　别	重大危险源	1 设备失效导致触电、短路、火灾，人员重大伤亡，设备损坏，泵站运行受影响； 2 设备过负荷运行引发灼烫、火灾、爆炸； 3 存在指挥错误、操作错误，监护失误，无证操作，防护缺陷等管理失误； 4 未经许可进入配电间； 5 未严格执行高压设备不停电安全距离
风险等级	**重大风险**	
位　　置	配电间	
评价时间		

事故类型	管控措施
1 触电 2 灼烫 3 火灾 4 其它爆炸	1 编制应急预案并报有关部门批准，定期开展培训和应急演练； 2 值班人员应严格按照流程及标准巡视检查； 3 设备不宜在过负荷的情况下运行； 4 运行、检修人员应持证上岗并严格执行操作规程； 5 未经许可禁止进入配电间； 6 ××kV 高压设备不停电时的安全距离为××m

安全标志

当心火灾　当心触电　当心爆炸　禁止烟火　禁止用水灭火　禁止通行　必须戴防护手套　必须持证上岗

	应急措施
分级管控	1 发现设备缺陷或异常运行情况，应立即停止设备运行，尽快组织检修排除故障； 2 当情况扩大，应迅速启动相关应急预案，立即向相关部门汇报，紧急疏散危险区域人员； 3 出现火灾情时，及时使用消防器材灭火或拨打火警电话"119"；出现人员伤亡时，根据伤情严重情况进行紧急救护，必要时拨打"120"电话，尽快就医

	管理单位	基层站所	班组	岗位
责任单位				
责任人				
报告电话	基层站所值班电话： 管理单位值班电话：			

图 3.1.3　**BZZD003**

安全风险公告牌

危　险　源	起重设备		事故类型	事故诱因
级　　　别	重大危险源			1 未经常性维护保养，自行检查和定期检验等致设备严重损坏，人员伤亡； 2 无证操作，违章操作，指挥不当，协调不好，误操作等； 3 起吊超过额定载荷的物品，工作绑扎不牢等； 4 未经许可进入作业区域
风险等级	重大风险		1 起重伤害 2 高处坠落 3 物体打击	
位　　　置	主厂房			
评价时间				
安全标志				管控措施
				1 编制应急预案并报有关部门批准，定期开展培训和应急演练； 2 做好起重设备经常性维护保养、检查和定期检验； 3 工作前检查吊索具、限位器、联锁装置等安全防护装置，确保有效可靠工作； 4 起重机操作人员应持证上岗并严格执行"十不吊"等操作规程； 5 未经许可禁止进入作业区域
分级管控				应急措施
责任单位	管理单位	基层站所	班组	1 当发生险情后，立即停止现场作业活动，将起重设备停靠在指定位置并关闭电源； 2 当险情扩大，应迅速启动相关应急预案，立即向相关部门汇报，紧急疏散危险区域人员； 3 出现人员伤亡时，根据伤情严重情况进行紧急救护，必要时拨打"120"电话，尽快就医
责任人			岗位	
报告电话	基层站所值班电话： 管理单位值班电话：			

图 3.1.4 BZZD004

安全风险公告牌

危 险 源	高处作业	事故类型	1 高处坠落 2 物体打击
级　别	重大危险源		
风险等级	重大风险		
位　置	高处作业区域		
评价时间			

事故诱因

1 违章指挥引发高处坠落；
2 违章操作引发物体打击；
3 违反劳动纪律引发高处坠落；
4 未正确使用防护用品引发高处坠落；
5 未制定落实应急预案，未组织演练

安全标志

（注意落物　注意坠落　当心吊物　禁止跳下　禁止吸烟　禁止攀爬　禁止入内　必须戴安全帽　必须穿防护服　必须系安全带　必须系安全绳）

管控措施

1 严禁违章指挥、违章操作，违反劳动纪律；
2 按规定穿戴安全帽、工作服、工作鞋等防护用品，正确使用安全防护用品，严禁穿拖鞋、高跟鞋等进入施工现场；
3 不得向外、向下抛掷物件；
4 编制应急预案并报有关部门批准，定期开展培训和应急演练

应急措施

1 当发生险情时，应及时停止作业组织消险；
2 当险情扩大，应迅速启动相关应急预案，立即向相关部门汇报，紧急疏散危险区域人员；
3 出现人员伤亡时，根据伤情严重情况进行紧急救护，必要时拨打"120"电话，尽快就医

分级管控

	管理单位	基层站所	班组	岗位
责任单位				
责任人				
报告电话	基层站所值班电话： 管理单位值班电话：			

图 3.1.5　BZZD005

安全风险公告牌

危 险 源	有限空间作业		事故类型	事故诱因
级 别	重大危险源		1 淹溺 2 中毒和窒息 3 坍塌	1 作业人员违章指挥引发淹溺、中毒和窒息、坍塌； 2 未编制施工方案，未办理作业许可； 3 有限空间作业未做到"先通风、再检测、后作业"； 4 未配备现场监护人员，未正确佩戴使用劳动防护用品和工器具； 5 作业过程中，未持续通风、监测、监护； 6 未制定落实应急预案，未组织演练
风险等级	重大风险			
位 置	有限空间作业区域			
评价时间				
安全标志				管控措施
				1 严禁违章指挥、违章操作，违反劳动纪律； 2 作业人员必须持有有限空间作业许可证，才能进有限空间； 3 遵循"先通风、再检测、后作业"，进行含氧量和有毒有害、易燃易爆物质检测； 4 严格按照施工方案，关键部位应悬挂安全警示牌，配备现场监护人员，正确佩戴使用劳动防护用品和工器具； 5 作业过程中应持续通风、监测、监护，作业中断时应设警示标志并专人看守，中断后应重新检测后作业，作业结束后，作业票存档备查； 6 编制应急预案并报有关部门批准，定期开展培训和应急演练
				应急措施
				1 当发生险情时，应及时切断电源停止作业组织消险； 2 当险情扩大，应迅速启动相关应急预案，立即向相关部门汇报，紧急疏散危险区域人员； 3 出现人员伤亡时，根据伤情严重情况进行紧急救护，必要时拨打"120"电话，尽快就医

分级管控	责任单位	管理单位	基层站所	班组	岗位
	责任人				
	报告电话	基层站所值班电话： 管理单位值班电话：			

图 3.1.6 BZZD006

安全风险公告牌

危　险　源	水下观测与检查作业	事故类型	事故诱因
级　　别	重大危险源		1 违章指挥，违章操作，违反劳动纪律导致淹溺、触电； 2 未正确使用防护用品； 3 存在操作错误，监护失误，无证操作，防护缺陷； 4 设备未及时维护，存在缺陷或异常运行情况； 5 未制定落实应急预案，未组织演练
风险等级	重大风险	1 淹溺 2 触电	
位　　置	观测区域		
评价时间			

安全标志		管控措施
当心落水　当心触电　禁止戏水　禁止跳入　禁止停泊 必须接地　必须规范操作　必须穿救生衣　必须持证上岗		1 严禁违章指挥，违章操作，违反劳动纪律； 2 按规定正确使用安全防护用具，严禁穿拖鞋、高跟鞋等进入作业现场； 3 水下检查作业应持证上岗； 4 观测设施妥善维护，观测仪器和工具定期校验、维护； 5 编制应急预案并报有关部门批准，定期开展培训和应急演练

分级管控				应急措施
责任单位	管理单位	基层站所	班组	1 当发生险情时，应及时停止观测与检查作业，组织消险； 2 当险情扩大，应迅速启动相关应急预案，立即向相关部门汇报，紧急疏散危险区域人员； 3 出现人员伤亡时，根据伤情严重情况进行紧急救护，必要时拨打"120"电话，尽快就医
责任人			岗位	
报告电话	基层站所值班电话： 管理单位值班电话：			

图 3.1.7　BZZD007

安全风险公告牌

危险源	带电作业	事故类型	事故诱因
级　别	重大危险源		1 违章指挥、违章操作，违反劳动纪律引发触电； 2 作业人员未正确使用防护用品； 3 带电作业安全距离、安全防护措施等未按国家和行业的相关标准，导则执行； 4 未制定落实应急预案，未组织演练
风险等级	重大风险	1 触电 2 火灾	
位　置	带电作业区域		
评价时间			

安全标志	管控措施
	1 严禁违章指挥、违章操作，违反劳动纪律； 2 按规定穿戴安全帽、工作服，工作鞋等等防护用品，正确使用安全防护用具，严禁穿拖鞋、高跟鞋或赤脚进入施工现场； 3 带电作业安全距离、安全防护措施等应按国家和行业的相关标准，导则执行； 4 带电作业应设专责监护人，复杂作业时，应增设监护人； 5 编制应急预案并报有关部门批准，定期开展培训和应急演练

分级管控					应急措施
					1 当发生危险情时，应及时切断电源停止作业消险； 2 当险情扩大，应迅速启动相关应急预案，立即向相关部门汇报，紧急疏散危险区域人员； 3 出现火情时，及时使用消防器材灭火或拨打火警电话"119"，出现人员伤亡时，根据伤病情严重情况进行紧急救护，必要时拨打"120"电话，尽快就医

责任单位	管理单位	基层站所	班组	岗位
责任人				
报告电话	基层站所值班电话： 管理单位值班电话：			

图 3.1.8　BZZD008

3.2　水利工程泵站运行一般危险源安全风险公告牌

　　水利工程泵站运行危险源分六个类别,分别为构(建)筑物类、金属结构类、设备设施类、作业活动类、管理类和环境类,各类的辨识与评价对象主要有:

　　构(建)筑物类:进出水建筑物、泵房、输水建筑物等。

　　金属结构类:闸门、拦污设备等。

　　设备设施类:电气设备、水力机械及辅助设备、特种设备、管理设施等。

　　作业活动类:作业活动、试验检验等。

　　管理类:管理体系、运行管理等。

　　环境类:自然环境、工作环境等。

　　水利工程泵站运行一般危险源安全风险公告牌见图例 BZYB001～BZYB054。

安全风险公告牌

危　险　源	进出水渠/池/流道等	事故类型	事故诱因
级　　　别	一般危险源	1 坍塌 2 淹溺	1 进出水建筑物因冲刷、变形、渗漏、水位骤降、淤积等导致堵塞、设备受损、渗水、隆起、开裂等超标准运用； 2 工程超标准运用； 3 未按照相关规定定期开展工程检查及工程观测； 4 未及时进行建筑物养护维修； 5 未定期进行建筑物评级及安全鉴定
风险等级	（低风险～重大风险）		
位　　　置	上下游河道		
评价时间			

安全标志	管控措施
	1 编制应急预案并报有关部门批准，定期开展培训和应急演练； 2 遇到超标准的洪、涝、旱灾时，应根据上级主管部门的要求进行调度，制定预案，提出可行的应急措施； 3 按规范要求进行日常检查、定期检查、专项检查，一般性观测及专门性观测； 4 坚持"经常养护，及时维修、养修并重"，对检查发现的缺陷和问题，随时进行养护维修； 5 按规范要求及时进行建筑物评级及安全鉴定，并向上级主管部门汇报

分级管控					应急措施
责任单位	管理单位	基层站所	班组	岗位	1 当进出水建筑物出现险情时，应立即组织消险，导裂截渗、渗漏处理应遵照"上截下排"的原则，采取截渗、导渗排水措施； 2 当险情扩大，应迅速启动相关应急预案，立即向相关部门汇报，紧急疏散危险区域人员； 3 出现人员伤亡时，根据伤情严重情况进行紧急救护，必要时拨打"120"电话，尽快就医
责任人					
报告电话	基层站所值班电话： 管理单位值班电话：				

图 3.2.1　BZYB001

安全风险公告牌

危险源	压力水箱	事故类型
级别	一般危险源	
风险等级	（低风险～重大风险）	1 坍塌
位置	压力水箱	2 淹溺
评价时间		

事故诱因

1 因沉降变形，止水失效导致水淹厂房，设备受损；
2 未按照相关规定定期开展工程检查及工程观测；
3 未及时进行建筑物养护维修；
4 未定期进行建筑物评级及安全鉴定

安全标志

（安全标志图标：当心跌落、禁止攀登、禁止入内、必须佩戴防护…）

管控措施

1 编制应急预案并报有关部门批准，定期开展培训和应急演练；
2 按规范要求进行日常检查，定期检查、专项检查；
3 坚持"经常养护，及时维修，养修并重"，对检查发现的缺陷和问题，随时进行养护维修；
4 按规范要求及时进行建筑物评级及安全鉴定，并向上级主管部门汇报

应急措施

1 当压力水箱出现险情时，应立即组织消险；
2 当险情扩大，应迅速启动相关应急预案，立即向相关部门汇报，紧急疏散危险区域人员；
3 出现人员伤亡时，根据伤情严重情况进行紧急救护，必要时拨打"120"电话，尽快就医

分级管控

	管理单位	基层站所	班组	岗位
责任单位				
责任人				
报告电话	基层站所值班电话： 管理单位值班电话：			

图 3.2.2 BZYB002

安全风险公告牌

危险源 别	进出水翼墙	事故类型	事故诱因
级　别	一般危险源	1 坍塌 2 淹溺	1 因沉降变形、渗透破坏导致滑移、裂缝、变形、倾覆、倒塌； 2 工程超标准运用； 3 未按照相关规定定期开展工程检查及工程观测； 4 未及时进行建筑物养护维修； 5 未定期进行建筑物评级及安全鉴定
风险等级	（低风险~重大风险）		
位　置	上/下游翼墙		
评价时间			

安全标志

管控措施

1 编制应急预案并报有关部门批准，定期开展培训和应急演练；
2 遇到超标准的洪、涝、旱灾时，应根据上级主管部门的要求进行调度，制定预案，提出可行的应急措施；
3 按规范要求进行日常检查、定期检查、专项检查，一般性观测及专门性观测；
4 坚持"经常养护，及时维修，养修并重"，对检查发现的缺陷和问题，随时进行养护维修；
5 按规范要求及时进行建筑物评级及安全鉴定，并向上级主管部门汇报

应急措施

1 当进出水翼墙发生滑移、裂缝、变形、倾覆、倒塌等险情时，应立即组织消险、滑坡应针对产生原因，按"上部减载、下部压重"和"迎水坡防渗、背水坡导渗"等原则进行处理；
2 当险情扩大，应迅速启动相关应急预案，立即向相关部门汇报，紧急疏散危险区域人员；
3 出现人员伤亡时，根据伤情严重情况进行紧急救护，必要时拨打"120"电话，尽快就医

分级管控

责任单位	管理单位	基层站所	班组	岗位
责任人				
报告电话	基层站所值班电话： 管理单位值班电话：			

图 3.2.3　BZYB003

安全风险公告牌

危 险 源		事故类型	事故诱因
级 别	泵房		1 因使用不当、振动、防水失效、沉降变形、渗透破坏等导致结构破坏、渗漏、设备损坏、滑移、裂缝、变形、倾覆、倒塌;
风险等级	一般危险源 （低风险~重大风险）	1 物体打击 2 机械伤害 3 触电 4 坍塌	2 工程超标准运用; 3 未按照相关规定定期开展工程检查及工程观测; 4 未及时进行建筑物养护维修; 5 未定期进行建筑物评级及安全鉴定
位 置	主厂房		
评价时间			

安全标志	管控措施
当心触电 当心伤人 当心落物 禁止烟火 禁止入内 禁止翻越 必须戴安全帽	1 编制应急预案并报有关部门批准,定期开展培训和应急演练; 2 遇到超标准的洪、涝、旱灾次时,应根据上级主管部门的要求进行调度、制定预案、提出可行性的应急措施; 3 按规范要求进行日常检查、定期检查、专项检查,一般性观测及专门性观测; 4 坚持"经常养护、及时维修、养修并重",对检查发现的缺陷和问题、随时进行养护维修; 5 按规范要求及时进行建筑物评级及安全鉴定,并向上级主管部门汇报

应急措施

1 当泵房发生滑移、沉降、裂缝、变形、倾斜、倒塌等险情时,应立即组织消险;
2 当险情扩大,应迅速启动相关应急预案,立即向相关部门门汇报,紧急疏散危险区域人员;
3 出现人员伤亡时,根据伤情严重情况进行紧急救护,必要时拨打"120"电话,尽快就医

分级管控	管理单位	基层站所	班组	岗位
责任单位				
责任人				
报告电话	基层站所值班电话: 管理单位值班电话:			

图 3.2.4 BZYB004

安全风险公告牌

危险源	进排气设施	事故类型	事故诱因
级别	一般危险源	1 物体打击 2 其它爆炸	1 因进排气通道堵塞导致影响管道运行安全，爆管，渗漏； 2 未按照相关规定定期开展设备检查； 3 未及时进行养护维修； 4 未定期进行设备评级及安全鉴定
风险等级	（低风险～重大风险）		
位置	副厂房		
评价时间			

安全标志	管控措施
当心爆炸　禁止烟火　禁止入内　必须戴安全帽　注意通风　必须规范操作	1 编制应急预案并报有关部门批准，定期开展培训和应急演练； 2 按规范要求进行日常检查，定期检查，专项检查； 3 坚持"经常养护，及时维修，养修并重"，对检查发现的缺陷和问题，随时进行养护维修； 4 按规范要求及时进行设备评级及安全鉴定，并向上级主管部门汇报

分级管控	管理单位	基层站所	班组	岗位	应急措施
责任单位					1 当进排气通道堵塞导致出现管道运行安全，爆管，渗漏险情时，应立即组织消险； 2 当险情扩大，应迅速启动相关应急预案，立即向相关部门汇报，紧急疏散危险区域人员； 3 出现人员伤亡时，根据伤情严重情况进行紧急救护，必要时拨打"120"电话，尽快就医
责任人					
报告电话	基层站所值班电话： 管理单位值班班电话：				

图 3.2.5 BZYB005

安全风险公告牌

危 险 源		出水流道真空破坏设施	事 故 类 型
级 别		一般危险源	1 物体打击
风险等级		(低风险~重大风险)	2 机械伤害
位 置		副厂房	
评价时间			

事故诱因

1 因设施功能失效导致无法断流,机组飞逸;
2 未按照相关规定定期开展工程检查;
3 未及时进行养护维修;
4 未定期进行设备评级及安全鉴定

安全标志

管控措施

1 编制应急预案并报有关部门批准,定期开展培训和应急演练;
2 按规范要求进行日常检查,定期检查、专项检查;
3 坚持"经常养护,及时维修,养修并重",对检查发现的缺陷和问题,随时进行养护维修;
4 按规范要求及时进行设备评级及安全鉴定,并向上级主管部门汇报

应急措施

1 当出水流道真空破坏设施功能失效导致出现无法断流,机组飞逸等险情时,应立即组织消险;
2 当险情扩大,应迅速启动相关应急预案,立即向相关部门汇报,紧急疏散危险区域人员;
3 出现人员伤亡时,根据伤情严重情况进行紧急救护,必要时拨打"120"电话,尽快就医

分级管控

责任单位	管理单位	基层站所	班组	岗位
责任人				
报告电话	基层站所值班电话: 管理单位值班电话:			

图 3.2.6 BZYB006

安全风险公告牌

危险源	调压塔	事故类型	事故诱因
级　别	一般危险源	1 坍塌 2 淹溺	1 因调压塔缺水、溢水、闸阀关闭不严导致防水锤失效、爆管、渗漏； 2 未按照相关规定定期开展工程检查； 3 未及时进行建筑物养护维修； 4 未定期进行建筑物评级及安全鉴定
风险等级	（低风险～重大风险）		
位　置	调压塔		
评价时间			

安全标志	管控措施
当心落水　禁止入内 禁止烟火　必须戴安全帽　必须穿救生衣　必须拨打报警电话	1 编制应急预案并报有关部门批准，定期开展培训和应急演练； 2 按规范要求进行日常检查、定期检查、专项检查； 3 坚持"经常养护，及时维修，养修并重"，对检查发现的缺陷和问题，随时进行养护维修； 4 按规范要求及时进行建筑物评级及安全鉴定，并向上级主管部门汇报

分级管控	管理单位	基层站所	班组	岗位	应急措施
责任单位					1 当调压塔缺水等致导出现防水锤失效、爆管、渗漏等险情时，立即速启动相关应急预案； 2 当险情扩大，应迅速启动相关应急预案、立即向相关部门汇报，紧急疏散危险区域人员； 3 出现人员伤亡时，根据伤情严重情况进行紧急救护，必要时拨打"120"电话，尽快就医
责任人					
报告电话	基层站所值班电话： 管理单位值班电话：				

图 3.2.7　BZYB007

103

安全风险公告牌

危 险 源	压力管道	事故类型	事故诱因
级 别	一般危险源	1 物体打击 2 机械伤害 3 淹溺	1 因水锤防护设施失效导致爆管，水淹厂房； 2 未按照相关规定定期开展检查； 3 未及时进行养护维修； 4 未定期进行设备评级及安全鉴定
风险等级	（低风险~重大风险）		
位 置	压力管道		
评价时间			

管控措施

1 编制应急预案并报有关部门批准，定期开展培训和应急演练；
2 按规范要求进行日常检查、定期检查、专项检查；
3 坚持"经常养护，及时维修，养修并重"，对检查发现的缺陷和问题，随时进行养护维修；
4 按规范要求及时进行设备评级及安全鉴定，并向上级主管部门汇报

应急措施

1 当压力管道水锤防护设施失效导致出现爆管、水淹厂房等险情时，应立即组织消险；
2 当险情扩大，应迅速启动相关应急预案，立即向相关部门汇报，紧急疏散危险区域人员；
3 出现人员伤亡时，根据伤情严重情况进行紧急救护，必要时拨打"120"电话，尽快就医

安全标志

禁止入内　禁止触摸　必须戴安全帽　必须穿绝缘鞋　注意安全　当心机械伤人

分级管控

	管理单位	基层站所	班组	岗位
责任单位				
责任人				
报告电话	基层站所值班电话： 管理单位值班电话：			

图3.2.8　BZYB008

安全风险公告牌

危 险 源		岸坡	事故类型
级 别		一般危险源	
风险等级		（低风险~重大风险）	1 坍塌
位 置		岸坡	2 淹溺
评价时间			

事故诱因

1 因不良地质、水流冲刷、浸润线涨高导致滑坡、失稳、坍塌；
2 工程超标准运用；
3 未按照相关规定定期开展工程检查及工程观测；
4 未及时进行建筑物养护维修；
5 未定期进行建筑物评级及安全鉴定

安全标志

（安全标志图形：当心滑水、当心坠落、禁止垂钓、禁止游水、禁止游泳、必须穿救生衣、危险区域禁止人内、按指示方向行驶、注意安全限制速度）

管控措施

1 编制应急预案并报有关部门批准，定期开展培训和应急演练；
2 遇到超标准的洪、涝、旱灾时，应根据上级主管部门的要求进行调度，制定预案，提出可行的应急措施；
3 按规范要求进行日常检查、定期检查、专项检查，一般性观测及专门性观测；
4 坚持"经常养护，及时维修，养修并重"，对检查发现的缺陷和问题，随时进行养护维修；
5 按规范要求及时进行建筑物评级及安全鉴定，并向上级主管部门汇报

应急措施

1 当岸坡出现滑坡、失稳、坍塌等险情时，应立即组织消险，滑坡应针对产生原因，按"上部减载、下部压重"和"迎水坡防渗、背水坡导渗"等原则进行处理；
2 当险情扩大，应迅速启动相关应急预案，立即向相关部门汇报，紧急疏散危险区域人员；
3 出现人员伤亡时，根据伤情严重情况进行紧急救护，必要时拨打"120"电话，尽快就医

	分级管控			
责任单位	管理单位	基层站所	班组	岗位
责任人				
报告电话	基层站所值班电话： 管理单位值班电话：			

图 3.2.9　BZYB009

安全风险公告牌

危险源	拦污栅	事故类型	事故诱因
级别	一般危险源	1 淹溺 2 机械伤害	1 锈蚀、撞击导致设备损坏,影响机组运行; 2 存在指挥错误,操作错误,监护失误,防护缺陷等管理失误; 3 未按照相关规定定期开展工程检查
风险等级	(低风险～重大风险)		
位置	上下游河道		
评价时间			

安全标志

当心触电　当心机械伤人　禁止跳下　禁止戏水　必须穿救生衣　必须按规程操作

管控措施

1 值班人员应严格按照流程及标准巡视检查;
2 运行、检修人员应严格执行操作规程;
3 按规范要求进行日常检查、定期检查、专项检查

应急措施

1 发现设备缺陷或异常情况,应尽快组织检修排除故障;
2 当险情扩大,发生事故后应迅速启动相关应急预案,立即向相关部门汇报,紧急疏散危险区域人员;
3 出现人员伤亡时,根据伤情严重情况进行紧急救护,必要时拨打"120"电话,尽快就医

分级管控	管理单位	基层站所	班组	岗位
责任单位				
责任人				
报告电话	基层站所值班电话: 管理单位值班电话:			

图 3.2.10　BZYB010

安全风险公告牌

危　险　源	清污机	事故类型
级　　别	一般危险源	1 触电 2 淹溺 3 机械伤害
风险等级	（低风险～重大风险）	
位　　置	清污机桥	
评价时间		

事故诱因

1 磨损、锈蚀、电机及回路控制设备故障影响设备运行；
2 存在指挥错误、操作失误，监护失误，防护缺陷等管理失误；
3 未按照相关规定定期开展工程检查

管控措施

1 编制应急预案并报有关部门批准，定期开展培训和应急演练；
2 值班人员应按照流程及标准巡视检查；
3 运行、检修人员应严格执行操作规程；
4 按照规范要求进行日常检查、定期检查、专项检查；
5 非工作人员未经许可禁止进入清污机区域

应急措施

1 发现设备缺陷或异常运行情况，应立即停止设备运行，尽快组织检修排除故障；
2 当险情扩大，发生事故后应迅速启动相关应急预案，立即向相关部门汇报，紧急疏散危险区域人员；
3 出现人员伤亡时，根据伤情严重情况进行紧急救护，必要时拨打"120"电话，尽快就医

安全标志

当心触电　当心机械伤人　禁止烟火　禁止戏水　必须戴防护手套　必须戴安全帽

分级管控	管理单位	基层站所	班组	岗位
责任单位				
责任人				
报告电话	基层站所值班电话： 管理单位值班电话：			

图 3.2.11　BZYB011

安全风险公告牌

危 险 源	蝶阀、闸阀等阀组		事故类型	1 杂物、密封关闭不严，功能失效导致爆管、水淹厂房、设备受损、人身伤害； 2 存在指挥错误、操作错误、监护失误、防护缺陷等管理失误； 3 未按照相关规定定期开展工程检查
级 别	一般危险源		**事故诱因**	
风险等级	（低风险～重大风险）	1 机械伤害 2 物体打击		
位 置	管道			
评价时间				

安全标志

当心触电　当心爆炸　禁止跨越　禁止触摸　必须戴安全帽　必须按规程操作

管控措施

1 值班人员应严格按照流程及标准巡视检查；
2 运行、检修人员应严格执行操作规程；
3 按规范要求进行日常检查、定期检查、专项检查；
4 非工作人员未经许可禁止进入管道

应急措施

1 发现设备缺陷或异常运行情况，应立即停止设备运行，尽快组织检修排除故障；
2 当险情扩大，发生事故后应迅速启动相关应急预案，立即向相关部门汇报，紧急疏散危险区域人员；
3 出现人员伤亡时，根据伤情严重情况进行紧急救护，必要时拨打"120"电话，尽快就医

分级管控

	管理单位	基层站所	班组	岗位
责任单位				
责任人				
报告电话	基层站所值班电话： 管理单位值班电话：			

图 3.2.12　BZYB012

安全风险公告牌

危　险　源		电动机	事故类型
级　别	一般危险源		1 触电
风险等级	（低风险～重大风险）		2 火灾
位　置	主机层		3 其它爆炸
评价时间			

事故诱因
1 电机部件制造缺陷或安装缺陷,冷却系统故障,传感器故障,绝缘受潮、老化、损坏导致设备损坏,机组无法运行;   2 开机运行前未进行设备检查并测量,设备过负荷运行;   3 存在指挥错误,操作错误,监护失误,无证操作,防护缺陷等管理失误;   4 未按照相关规定定期开展工程检查

安全标志
当心触电　当心火灾　当心爆炸　当心中毒　当心磁场   禁止跨越　禁止入内　噪声有害　必须戴防护眼镜　禁止烟火   必须佩戴防毒面具　必须穿防护工服　禁止用水灭火

管控措施
1 编制应急预案并报有关部门批准,定期开展培训和应急演练;   2 值班人员应严格按照流程及标准巡视检查;   3 设备不宜在过负荷的情况下运行;   4 运行、检修人员应持证上岗并严格执行操作规程;   5 按规范要求开展主电机大修及预防性试验;   6 按规范要求进行日常检查、定期检查、专项检查及开机运行前检查测量

分级管控	岗位	班组	基层站所	管理单位
责任单位				
责任人				
报告电话	基层站所值班电话: 管理单位值班电话:			

应急措施
1 发现设备缺陷或异常运行情况,应立即停止设备运行,尽快组织检修排除故障;   2 当险情扩大、发生事故后应迅速启动相关应急预案,立即向相关部门汇报,紧急疏散危险区域人员;   3 出现火情时,及时使用消防器材灭火或打火警电话"119";出现人员伤亡时,根据伤情严重情况进行紧急救护,必要时拨打"120"电话,尽快就医

图 3.2.13　BZYB013

安全风险公告牌

危险源	主水泵	事故类型	
级别	一般危险源	1 物体打击 2 机械伤害 3 其它伤害	**事故诱因** 1 检修安装不正确,冷却系统故障,叶片调节装置故障,机械密封故障等导致机组损坏,机组无法正常运行,污染水体; 2 设备过负荷运行; 3 存在指挥错误,操作错误,监护失误,防护缺陷等管理失误; 4 未按照相关规定定期开展工程检查和检修
风险等级	(低风险～重大风险)		
位置	主机层		
评价时间			
安全标志			**管控措施** 1 编制应急预案并报有关部门批准,定期开展培训和应急演练; 2 值班人员应严格按照流程及标准标准巡视检查; 3 设备不宜在过负荷的情况下运行; 4 运行、检修人员应严格执行操作规程; 5 按规范要求进行主机大修; 6 按规范要求进行日常检查、定期检查、专项检查

分级管控

责任单位	管理单位	基层站所	班组	岗位	**应急措施** 1 发现设备缺陷或异常运行情况,应立即停止设备运行,尽快组织检修排除故障; 2 当险情扩大、发生事故后应迅速启动相关应急预案,立即向相关部门汇报,紧急疏散危险区域人员; 3 出现人员伤亡时,根据伤情严重情况进行紧急救护,必要时拨打"120"电话,尽快就医
责任人					
报告电话	基层站所值班电话: 管理单位值班电话:				

图 3.2.14 BZYB014

安全风险公告牌

危险源	减速器	事故类型	事故诱因
级　别	一般危险源	1 触电 2 火灾 3 灼烫 4 机械伤害	1 超负荷、过热、异常运转导致设备损坏，影响泵站运行； 2 设备过负荷运行； 3 存在指挥错误、操作错误、监护失误、无证操作、防护缺陷等管理失误； 4 未按照相关规定定期开展工程检查
风险等级	（低风险～重大风险）		
位　置	主机层		
评价时间			

安全标志

（安全标志图标）

管控措施

1 编制应急预案并报有关部门批准，定期开展培训和应急演练；
2 值班人员应严格按照流程及标准巡视检查；
3 设备不宜在过负荷的情况下运行；
4 运行、检修人员应持证上岗并严格执行操作规程；
5 定期进行减速器大修；
6 按规范要求进行日常检查、定期检查、专项检查

应急措施

1 发现设备缺陷或异常运行情况，应立即停止设备运行，尽快组织检修排除故障；
2 当险情扩大、发生事故后应迅速启动相关应急预案，立即向相关部门汇报，紧急疏散危险区域人员；
3 出现火情时，及时使用消防器材灭火或拨打火警电话"119"，出现人员伤亡时，根据伤情严重情况进行紧急救护，必要时拨打"120"电话，尽快就医

分级管控

责任单位	管理单位	基层站所	班组	岗位
责任人				
报告电话	基层站所直班电话： 管理单位值班电话：			

图3.2.15　BZYB015

安全风险公告牌

危险源	变压器	事故类型	
级别	一般危险源	1 触电	
风险等级	(低风险~重大风险)	2 灼烫	
位置	变压器室	3 火灾	
评价时间		4 其它爆炸	

事故诱因

1 油品质不符合要求,裸露带电导体与周边的安全净距不满足要求,保护及冷却装置故障,套管或支撑绝缘子损坏导致设备损坏、爆炸、触电;
2 设备过负荷运行,绝缘不符合要求;
3 存在指挥错误,操作错误,监护失误,无证操作,防护缺陷等管理失误;
4 非工作人员未经许可进入变压器室;
5 未严格执行高压设备不停电安全距离

安全标志

当心触电　当心伤害　当心火灾　禁止烟火　禁止攀登　禁止触摸　禁止用水灭火　必须持证上岗　必须接地保护

管控措施

1 编制应急预案并报有关部门批准,定期开展培训和应急演练;
2 值班人员应严格按照流程及标准巡视检查;
3 设备不宜在过负荷的情况下运行;
4 运行、检修人员应持证上岗并严格执行操作规程;
5 非工作人员未经许可禁止进入变压器室;
6 ××kV高压设备不停电时的安全距离为×× m

应急措施

1 发现设备缺陷或异常运行情况,应立即停止设备运行,尽快组织检修排除故障;
2 当险情扩大,发生事故后应迅速启动相关应急预案,立即向相关部门汇报,紧急疏散危险区域人员;
3 出现火情时,及时使用消防器材灭火或拨打火警电话"119",出现人员伤亡时,根据伤亡情况进行紧急救护,必要时拨打"120"电话,尽快就医

分级管控

管理单位	基层站所	班组	岗位

责任单位	
责任人	
报告电话	基层站所值班电话:　管理单位值班电话:

图3.2.16 BZYB016

安全风险公告牌

危险源	级　别	气体绝缘全封闭组合电器（GIS）	事故类型	事故诱因
	风险等级	一般危险源 （低风险～重大风险）	1 中毒和窒息 2 触电 3 火灾 4 其它爆炸	1 在线监测系统故障、气密性损坏导致设备爆炸、中毒窒息； 2 通风设备故障； 3 设备过负荷运行； 4 存在指挥错误、操作错误，监护失误，无证操作，防护缺陷等管理失误； 5 非工作人员未经许可进入 GIS 室
	位　置	GIS 室		
	评价时间			

安全标志	管控措施
当心触电　当心中毒　当心爆炸　禁止烟火　禁止用水灭火　禁止入内　禁止触摸　必须戴防毒面具　必须持证上岗	1 编制应急预案并报有关部门批准，定期开展培训和应急演练； 2 值班人员应严格按照流程及标准准巡视检查； 3 设备不宜在过负荷的情况下运行； 4 运行、检修人员应持证上岗并严格执行操作规程； 5 定期开展气体绝缘全封闭组合电器检查； 6 非工作人员未经许可禁止进入 GIS 室

分级管控					应急措施
责任单位	管理单位	基层站所	班组	岗位	1 发现设备缺陷或异常运行情况，应立即停止设备运行，尽快组织检修排除故障； 2 当险情扩大、发生事故后应迅速启动相关应急预案，立即向相关部门汇报，紧急疏散危险区域人员； 3 出现火情时，及时使用消防器材灭火或拨打火警电话"119"，出现人员伤亡时，根据伤情严重情况进行紧急救护，必要时拨打"120"电话，尽快就医
责任人					
报告电话	基层站所值班电话： 管理单位值班电话：				

图 3.2.17　BZYB017

安全风险公告牌

危 险 源 级 别	高、低压开关配电设备		事故类型			事故诱因
风险等级	一般危险源 （低风险～重大风险）		1 触电 2 灼烫 3 火灾 4 其它爆炸			1 设备故障影响运行； 2 设备过负荷运行； 3 存在指挥错误，操作错误，监护失误，无证操作，防护缺陷等管理失误； 4 非工作人员未经许可进入配电设备室； 5 未严格执行高压设备不停电安全距离
位 置	高、低压开关室					
评价时间						
安全标志						管控措施
   当心火灾 当心触电 当心爆炸 当心坠落 禁止烟火 禁止触摸 禁止合闸 禁止攀登 必须挂锁 必须持证上岗						1 编制应急预案并报有关部门批准，定期开展培训和应急演练； 2 值班人员应严格按照流程及标准巡视检查； 3 设备不宜存在过负荷的情况下运行； 4 运行、检修人员应持证上岗并严格执行操作规程； 5 非工作人员未经许可禁止进入配电室； 6 ××kV 高压设备不停电时的安全距离为××m
分级管控						应急措施
责任单位	管理单位	基层站所	班组		岗位	1 发现设备缺陷或异常运行情况，应立即停止设备运行，尽快组织检修排除故障； 2 当险情扩大、发生事故后应迅速启动相关应急预案，立即向相关部门汇报，紧急疏散危险区区域人员； 3 出现火情时，及时使用消防器材灭火或拨打火警电话"119"，出现人员伤亡时，根据情况进行紧急救护，必要时拨打"120"电话，尽快就医
责任人						
报告电话	基层站所值班电话： 管理单位值班电话：					

图 3.2.18 BZYB018

安全风险公告牌

危险源	事故类型	事故诱因
危险源 高压电容器		
级别 一般危险源	1 触电 2 灼烫 3 火灾 4 其它爆炸	1 渗漏油,外壳膨胀导致爆炸,人身伤害; 2 设备过负荷运行; 3 存在指挥错误,操作错误,监护失误,无证操作,防护缺陷等管理失误; 4 非工作人员未经许可进入电容器室; 5 未严格执行高压设备不停电安全距离
风险等级 (低风险～重大风险)		
位置 电容器室		
评价时间		

安全标志	管控措施
当心火灾　当心触电　禁止烟火 禁止用水灭火　禁止触摸　禁止攀登 必须佩戴防护眼镜　必须穿安全鞋　必须戴安全帽　必须注意通风	1 编制应急预案并报有关部门批准,定期开展培训和应急演练; 2 运行期间值班人员应严格按照流程及标准巡视检查; 3 设备不宜在过负荷的情况下运行; 4 运行,检修人员应持证上岗并严格执行操作规程; 5 非工作人员未经许可禁止进入电容器室; 6 ××kV高压设备不停电时的安全距离为××m

分级管控				应急措施
	管理单位	基层站所	班组	岗位
责任单位				1 发现设备缺陷或异常运行情况,应立即停止设备运行,尽快组织检修排除故障; 2 当险情扩大,发生事故后应迅速启动相关应急预案,立即向相关部门汇报,紧急疏散危险区域人员; 3 出现火情时,及时使用消防器材灭火或拨打火警电话"119",出现人员伤亡时,根据伤情严重情况进行紧急救护,必要时拨打"120"电话,尽快就医
责任人				
报告电话 基层站所值班电话: 管理单位值班电话:				

图 3.2.19　BZYB019

安全风险公告牌

危险源	级别	母线、电缆及输电线路		事故类型
	级别	一般危险源		1 触电
	风险等级	（低风险~重大风险）		2 火灾
	位置	输电线路		
	评价时间			

事故诱因

1 接地故障、绝缘老化、线路断路、短路、雷击等导致短路故障、全站失电；
2 设备过负荷运行；
3 存在指挥错误、操作错误、监护失误、无证操作、防护缺陷等管理失误；
4 未严格执行高压设备不停电安全距离

安全标志

当心火灾　当心触电　禁止烟火　禁止吸水灭火　禁止触摸　必须戴安全帽　必须穿绝缘靴　必须按程序操作

管控措施

1 编制应急预案并报有关部门批准，定期开展培训和应急演练；
2 值班人员应严格按照流程及标准巡视检查；
3 设备不宜在过负荷的情况下运行；
4 运行、检修人员应持证上岗并严格执行操作规程；
5 ××kV 高压设备不停电时的安全距离为××m

应急措施

1 发现设备缺陷或异常运行情况，应立即停止设备运行，尽快组织检修排除故障；
2 当险情扩大、发生事故后应迅速启动相关应急预案，立即向相关部门汇报，紧急疏散危险区域人员；
3 出现火情时，及时使用消防器材灭火或拨打火警电话"119"，出现人员伤亡时，根据伤情严重情况进行紧急救护，必要时拨打"120"电话，尽快就医

分级管控	管理单位	基层站所	班组	岗位
责任单位				
责任人				
报告电话	基层站所值班电话： 管理单位值班电话：			

图3.2.20　BZYB020

安全风险公告牌

危险源	互感器	事故类型	事故诱因
级别	一般危险源	1 触电 2 灼烫 3 火灾 4 其它爆炸	1 互感器性能参数不满足要求,回路故障,本体故障等,电压互感器二次侧短接导致意外停机,电流互感器二次侧开路; 2 设备过负荷运行; 3 存在指挥错误,操作错误,监护失误,无证操作,防护缺陷等管理失误; 4 未按照相关规定定期开展工程检查; 5 非工作人员未经许可进入互感器室
风险等级	(低风险～重大风险)		
位置	互感器室		
评价时间			

安全标志

当心火灾　当心触电　当心爆炸　禁止烟火　禁止用水灭火　禁止入内　禁止触摸　必须戴防护眼镜　必须持证上岗

管控措施
1 值班人员应严格按照流程及标准巡视检查; 2 设备不宜在过负荷的情况下运行; 3 运行、检修人员应持证上岗并严格执行操作规程; 4 非工作人员未经许可禁止进入互感器室; 5 按规范要求进行日常检查、定期检查、专项检查

应急措施
1 发现设备缺陷或异常运行情况,应立即停止设备运行,尽快组织检修排除故障; 2 当险情扩大,发生事故后应迅速启动相关应急预案,立即向相关部门汇报,紧急疏散危险区域人员; 3 出现火情时,及时使用消防器材灭火或拨打火警电话"119",出现人员伤亡时,根据伤情严重情况进行紧急救护,必要时拨打"120"电话,尽快就医

分级管控	管理单位	基层站所	班组	岗位
责任单位				
责任人				
报告电话	基层站所值班电话: 管理单位值班电话:			

图3.2.21　BZYB021

安全风险公告牌

危 险 源	直流系统	事故类型	事故诱因
级　　别	一般危险源	1 触电 2 灼烫 3 火灾	1 蓄电池、整流装置、开关、小母线等故障或损坏影响设备运行； 2 设备过负荷运行； 3 未按规范进行设备充放电试验； 4 存在指挥错误、操作错误、监护失误、无证操作，防护缺陷等管理失误； 5 非工作人员未经许可进入直流室； 6 未按照相关规定定期开展工程检查
风险等级	（低风险～重大风险）		
位　　置	直流室		
评价时间			
安全标志			管控措施
			1 编制应急预案并报有关部门批准，定期开展培训和应急演练； 2 值班人员应严格按照流程及标准巡视检查； 3 按规范要求进行直流蓄电池充放电试验； 4 设备不宜在过负荷的情况下运行； 5 运行、检修人员应持证上岗并严格执行操作规程； 6 非工作人员未经许可禁止进入直流室； 7 按规范要求进行日常检查、定期检查、专项检查
分级管控			应急措施
	管理单位	基层站所	班组	岗位
责任单位					1 发现设备缺陷或异常运行情况，应立即停止设备运行，尽快组织检修排除故障； 2 当险情扩大、发生事故后应迅速启动相关应急预案、立即向相关部门汇报，紧急疏散危险区域人员； 3 出现火情时，及时使用消防器材灭火或拨打火警电话"119"，出现人员伤亡时，根据伤情严重情况进行紧急救护，必要时拨打"120"电话，尽快就医
责任人					
报告电话	基层站所值班电话： 管理单位值班电话：				

图 3.2.22　BZYB022

安全风险公告牌

危险源	励磁系统	事故类型	事故诱因
级别	一般危险源	1 触电 2 灼烫 3 火灾	1 励磁系统故障导致不能同期或解列； 2 设备过负荷运行； 3 存在指挥错误、操作错误、监护失误、无证操作、防护缺陷等管理失误； 4 非工作人员未经许可进入励磁室； 5 未按照相关规定定期开展工程检查
风险等级	（低风险~重大风险）		
位置	励磁室		
评价时间			

安全标志		管控措施
当心火灾 当心触电 禁止烟火 禁止用水灭火 禁止触摸 禁止入内 必须持证上岗 必须按程序操作		1 编制应急预案并报有关部门批准,定期开展培训和应急演练； 2 值班人员应严格按照流程及标准规程巡视检查； 3 设备不宜在过负荷的情况下运行； 4 运行、检修人员应持证上岗并严格执行操作规程； 5 非工作人员未经许可禁止进入励磁室； 6 按照规范要求进行日常检查、定期检查、专项检查

分级管控	管理单位	基层站所	班组	岗位	应急措施
责任单位					1 发现设备缺陷或异常运行情况,应立即停止设备运行,尽快组织检修排除故障； 2 当险情扩大,发生事故后应迅速启动相关应急预案,立即向相关部门汇报,紧急疏散危险区域人员； 3 出现火情时,及时使用消防器材灭火或拨打火警电话"119",出现人员伤亡时,根据情况严重情况进行紧急救护,必要时拨打"120"电话,尽快就医
责任人					
报告电话	基层站所值班电话： 管理单位值班电话：				

图 3.2.23 BZYB023

安全风险公告牌

危险源	备用电源（柴油发电机）		事故类型	事故诱因
级　　别	一般危险源		1 触电 2 灼烫 3 火灾 4 其它爆炸	1 线路故障，蓄电池故障，空气进入系统等导致不能及时供电，影响泵站运行； 2 设备过负荷运行； 3 存在指挥错误，操作错误，监护失误，无证操作，防护缺陷等管理失误； 4 线路故障，蓄电池，空气进入系统等导致不能及时供电，影响泵站运行； 5 未定期开展检查和日常检查
风险等级	（低风险～重大风险）			
位　　置	发电机房			
评价时间				

安全标志

（安全标志图形：当心触电、当心爆炸、当心火灾、噪声有害、必须戴护耳器、必须持证上岗、禁止烟火、禁止入内、禁止触摸）

管控措施
1 编制应急预案并报有关部门批准，定期开展培训和应急演练； 2 运行期间值班人员应严格按照流程及标准巡视检查； 3 设备不宜在过负荷的情况下运行； 4 运行，检修人员应持证上岗并严格执行操作规程； 5 定期开展备用电源检查和日常检查

分级管控

责任单位	管理单位	基层站所	班组	岗位
责任人				
报告电话	基层站所值班电话： 管理单位值班电话：			

应急措施
1 发现设备缺陷或异常运行情况，应立即停止设备运行，尽快组织检修排除故障； 2 当险情扩大，发生事故后应迅速启动相关应急预案，立即向相关部门汇报，紧急疏散危险区域人员； 3 出现火情时，及时使用消防器材灭火或拨打火警电话"119"，出现人员伤亡时，根据伤情严重情况进行紧急救护，必要时拨打"120"电话，尽快就医

图 3.2.24　BZYB024

安全风险公告牌

危险源	仪表、测量控制及保护装置	事故类型	事故诱因
级别	一般危险源	1 触电 2 灼烫 3 火灾	1 设备故障，保护定值不合理，保护动作不灵敏影响设备运行； 2 存在指挥错误，操作错误，监护失误，无证操作，防护缺陷等管理失误； 3 未按照相关规定定期开展工程检查
风险等级	（低风险~重大风险）		
位置	低开室		
评价时间			

安全标志

当心火灾　当心触电　禁止烟火　禁止触摸　禁止入内　必须戴绝缘手套　必须持证上岗

管控措施

1 值班人员应严格按照流程及标准巡视检查；
2 定期核准并调整整保护定值；
3 运行、检修人员应持证上岗并严格执行操作规程；
4 按规范要求进行日常检查、定期检查、专项检查

应急措施

1 发现设备缺陷或异常运行情况，应立即停止设备运行，尽快组织检修排除故障；
2 当险情扩大，发生事故后应迅速启动相关应急预案，立即向相关部门汇报，紧急疏散危险区域人员；
3 出现火情时，及时使用消防器材灭火或拨打火警电话"119"，出现人员伤亡时，根据伤情严重情况进行紧急救护，必要时拨打"120"电话，尽快就医

分级管控	管理单位	基层站所	班组	岗位
责任单位				
责任人				
报告电话	基层站所值班电话： 管理单位值班电话：			

图 3.2.25　BZYB025

安全风险公告牌

危险源	级别	接地装置	事故类型	事故诱因
风险等级		一般危险源（低风险~重大风险）	1 触电 2 灼烫 3 火灾	1 接地装置锈蚀、连接不良、有损伤、折断导致触电； 2 存在指挥错误，操作错误，监护失误，无证操作，防护缺陷等管理失误； 3 未按照相关规定定期开展工程检查
位置		配电室		
评价时间				

安全标志

当心触电　当心火灾　禁止烟火　禁止用水灭火　禁止触摸　必须持证上岗　必须接地　必须执行操作程序

管控措施
1 值班人员应严格按照流程及标准巡视检查； 2 运行、检修人员应持证上岗并严格执行操作规程； 3 按规范要求进行日常检查、定期检查、专项检查

应急措施
1 发现设备缺陷，尽快组织检修排除故障； 2 当险情扩大、发生事故后应迅速启动相关应急预案，立即向相关部门汇报，紧急疏散危险区域人员； 3 出现火情时，及时使用消防器材灭火或拨打火警电话"119"，出现人员伤亡时，根据伤病情严重情况进行紧急救护，必要时拨打"120"电话，尽快就医

分级管控	管理单位	基层站所	班组	岗位
责任单位				
责任人				

报告电话
基层站所值班电话： 管理单位值班电话：

图 3.2.26　BZYB026

安全风险公告牌

危 险 源	综合自动化系统	事故类型	事故诱因
级 别	一般危险源	1 触电 2 灼烫 3 火灾	1 硬件故障，使用不当导致机组无法正常运行； 2 存在指挥错误，操作错误，监护失误，防护缺陷等管理失误； 3 未按照相关规定定期开展工程检查
风险等级	（低风险～一般风险）		
位 置	控制室		
评价时间			
安全标志		管控措施	1 值班人员应严格按照流程及标准巡视检查； 2 定期进行检测维修； 3 按规范要求进行日常检查、定期检查、专项检查
		应急措施	1 发现设备缺陷或异常运行情况，应立即停止设备运行，尽快组织检修排除故障； 2 当险情扩大，发生事故后应迅速启动相关应急预案，立即向相关部门汇报，紧急疏散危险区域人员； 3 出现火情时，及时使用消防器材灭火或拨打火警电话"119"，出现人员伤亡时，根据情况严重情况进行紧急急救，必要时拨打"120"电话，尽快就医

分级管控	岗位	
	班组	
	基层站所	
	管理单位	

责任单位

责任人

报告电话
基层站所值班电话：
管理单位值班电话：

图 3.2.27 BZYB027

安全风险公告牌

危 险 源	油系统	事 故 类 型	事故诱因
级 别	一般危险源	1 火灾 2 灼烫 3 其它爆炸	1 油品质不达标、油压异常、过滤器堵塞、油管堵塞、安全阀等阀门故障导致机组异常升温，机组停运； 2 存在指挥错误、操作错误、监护失误、防护缺陷等管理失误； 3 未按照相关规定定期开展工程检查
风险等级	（低风险～重大风险）		
位 置	主机层		
评价时间			
安全标志			**管控措施** 1 编制应急预案并报有关部门批准，定期开展培训和应急演练； 2 值班人员应严格按照流程及标准巡视检查； 3 运行、检修人员应严格执行操作规程； 4 按规范要求进行日常检查、定期检查、专项检查； 5 非工作人员未经许可禁止进入主机层
			应急措施 1 发现设备缺陷或异常运行情况，应立即停止设备运行，尽快组织检修排除故障； 2 当险情扩大、发生事故后应迅速启动相关应急预案，立即向相关部门汇报，紧急疏散危险区域人员； 3 出现火情时，及时使用消防器材灭火或拨打火警电话"119"，出现人员伤亡时，根据伤情严重情况进行紧急救护，必要时拨打"120"电话，尽快就医

分级管控				
责任单位	管理单位	基层站所	班组	岗位
责任人				
报告电话	基层站所值班电话： 管理单位值班电话：			

图 3.2.28　BZYB028

安全风险公告牌

危险源	技术供水系统	事故类型	事故诱因
级别	一般危险源	1 触电 2 物体打击 3 机械伤害	1 水泵故障、管路堵塞、阀门故障、控制电源及回路故障、冷却装置故障、过滤器故障等导致机组停运； 2 存在指挥错误、操作错误、监护失误、防护缺陷等管理失误； 3 未按照相关规定定期开展工程检查
风险等级	（低风险～重大风险）		
位置	主机层		
评价时间			

安全标志	管控措施
当心触电　当心伤手　当心坠落　禁止烟火　禁止入内　禁止用水灭火　安全规程　必须按规程操作	1 编制应急预案并报有关部门批准，定期开展培训和应急演练； 2 值班人员应严格按照流程及标准巡视检查； 3 运行、检修人员应严格执行操作规程； 4 按规范要求进行日常检查、定期检查、专项检查； 5 非工作人员未经许可禁止进入主机层

分级管控				应急措施
	管理单位	基层站所	班组	岗位
责任单位				1 发现设备缺陷或异常运行情况，应立即停止设备运行，尽快组织检修排除故障； 2 当险情扩大、发生事故后应迅速启动相关应急预案，立即向相关部门汇报，紧急疏散危险区域人员； 3 出现人员伤亡情况时，根据伤情严重情况进行紧急救护，必要时拨打"120"电话，尽快就医
责任人				
报告电话	基层站所值班电话： 管理单位值班电话：			

图 3.2.29　BZYB029

安全风险公告牌

危险源		排水系统		事故类型		
级 别		一般危险源		1 触电 2 物体打击 3 机械伤害		
风险等级		（低风险～重大风险）				
位 置		联轴器层				
评价时间						

事故诱因

1 排水泵、排污泵淤堵失效，控制系统故障导致站内积水、设备损坏；
2 存在指挥错误、操作错误、监护失误、防护缺陷等管理失误；
3 未按照相关规定定期开展工程检查

安全标志

⚠当心跌倒 ⚡当心触电 ⚠ 🚫禁止跨越 👁禁止入内 🔥禁止用明火 📖必须阅读程序层

管控措施

1 运行期间值班人员应严格按照流程及标准巡视检查；
2 运行、检修人员应严格执行操作规程；
3 按规范要求进行日常检查、定期检查、专项检查；
4 非工作人员未经许可禁止进入联轴器层

应急措施

1 发现设备缺陷或异常运行情况，应立即停止设备运行，尽快组织检修排除故障；
2 当险情扩大、发生事故后应迅速启动相关应急预案，立即向相关部门汇报，紧急疏散危险区域人员；
3 出现人员伤亡时，根据伤情严重情况进行紧急救护，必要时拨打"120"电话，尽快就医

分级管控

责任单位	管理单位		基层站所		班组	岗位
责任人						
报告电话	基层站所值班电话： 管理单位值班电话：					

图 3.2.30 BZYB030

安全风险公告牌

危 险 源	真空系统	事故类型	事故诱因
级　　别	一般危险源	1 触电 2 机械伤害 3 容器爆炸	1 真空泵故障，闸阀不严密，管道漏气导致机组无法运行； 2 存在指挥错误，操作错误，监护失误，防护缺陷等管理失误； 3 未按照相关规定定期开展工程检查
风险等级	（低风险～重大风险）		
位　　置	主机层		
评价时间			

安全标志

管控措施

1 编制应急预案并报有关部门批准，定期开展培训和应急演练；
2 值班人员应严格按照流程及标准巡视检查；
3 运行、检修人员应严格执行操作规程，定期检查、专项检查；
4 按规范要求进入日常检查、定期检查，专项检查；
5 非工作人员未经许可禁止进入主机层

应急措施

1 发现设备缺陷或异常运行情况，应立即停止设备运行，尽快组织检修排除故障；
2 当险情扩大，发生事故后应迅速启动相关应急预案，立即向相关部门汇报，紧急疏散危险区域人员；
3 出现人员伤亡时，根据伤情严重情况进行紧急救护，必要时拨打"120"电话，尽快就医

分级管控

责任单位	管理单位	基层站所	班组	岗位
责任人				
报告电话	基层站所值班电话： 管理单位值班电话：			

图 3.2.31　BZYB031

127

安全风险公告牌

危险源	气系统		事故类型	事故诱因
级 别	一般危险源		1 触电 2 爆炸 3 机械伤害	1 储气罐压力异常，安全阀故障导致机组无法正常开、停机； 2 存在指挥错误，操作错误，监护失误，防护缺陷等管理失误 3 未按照相关规定定期开展工程检查
风险等级	（低风险～重大风险）			
位 置	联轴器层			
评价时间				

安全标志	管控措施
⚠当心触电 ⚠当心爆炸 🚭禁止烟火 🚫禁止同时双人 👁禁止触摸 🚷禁止入内 必须规范操作 👷必须穿工服	1 编制应急预案并报有关部门批准，定期开展培训和应急演练； 2 值班人员应严格按照流程及标准巡视检查； 3 运行、检修人员应严格执行操作规程； 4 按规范要求进行日常检查、定期检查、专项检查； 5 非工作人员未经许可禁止进入联轴器层

分级管控				应急措施
	管理单位	基层站所	班组	岗位	
责任单位					1 发现设备缺陷或异常运行情况，应立即停止设备运行，尽快组织检修排除故障； 2 当险情扩大，发生事故后应迅速启动相关应急预案，立即向相关部门汇报，紧急疏散危险区域人员； 3 出现人员伤亡时，根据伤情严重情况进行紧急救护，必要时拨打"120"电话，尽快就医
责任人					
报告电话	基层站所值班电话： 管理单位值班电话：				

图 3.2.32　BZYB032

安全风险公告牌

危险源	电梯		事故类型	事故诱因
级 别	一般危险源		1 火灾	1 未及时维修养护、未定期检测导致人身伤害；
风险等级	（低风险～较大风险）		2 高处坠落	2 设备过负荷运行；
位 置	主厂房			3 存在指挥错误、操作错误、监护失误，防护缺陷等管理失误；
评价时间				4 未按照相关规定定期开展检查

安全标志	管控措施
当心火灾 当心坠落 禁止吸烟 禁止堆放 注意通风 安全操作 必须阅读操作手册	1 编制应急预案并报有关部门批准，定期开展培训和应急演练； 2 值班人员应严格按照流程及标准巡视检查； 3 设备不宜在过负荷的情况下运行； 4 按相关规范要求进行年检； 5 按规范要求进行日常检查、定期检查

分级管控	管理单位	基层站所	班组	岗位	应急措施
责任单位					1 发现设备缺陷或异常运行情况，应立即停止设备运行，尽快组织检修排除故障；
责任人					2 当险情扩大、发生事故后应迅速启动相关应急预案，立即向相关部门汇报，紧急疏散危险区域人员；
报告电话	基层站所值班电话： 管理单位值班电话：				3 出现火情时，及时使用消防器材灭火或拨打火警电话"119"，出现人员伤亡时，根据伤情严重情况进行紧急救护，必要时拨打"120"电话，尽快就医

图 3.2.33 BZYB033

129

安全风险公告牌

危险源	压力容器		事故类型	事故诱因
级　别	一般危险源		1 机械伤害 2 容器爆炸	1 未及时维修养护,未定期检测导致容器爆炸,人身伤害; 2 设备过负荷运行引发火灾、爆炸; 3 存在指挥错误,操作错误,监护失误,防护缺陷等管理失误; 4 未按照相关规定定期开展检查
风险等级	(低风险~重大风险)			
位　置	联轴器层			
评价时间				
安全标志				管控措施
				1 编制应急预案并报有关部门批准,定期开展培训和应急演练; 2 值班人员应严格按照流程及标准巡视检查; 3 设备不宜在过负荷的情况下运行; 4 运行、检修人员应严格执行操作规程; 5 按规范要求进行日常检查,定期检查、专项检查; 6 非工作人员未经许可禁止进入联轴器层
分级管控	管理单位	基层站所	班组	岗位	应急措施
					1 发现设备缺陷或异常运行情况,应立即停止设备运行,尽快组织检修排除故障; 2 当险情扩大、发生事故后应迅速启动相关应急预案,立即向相关部门汇报,紧急疏散危险区域人员; 3 出现火情时,及时使用消防器材灭火或拨打火警电话"119",出现人员伤亡时,根据险情严重情况进行紧急救护,必要时拨打"120"电话,尽快就医
责任单位					
责任人					
报告电话	基层站所值班电话: 管理单位值班电话:				

图 3.2.34　**BZYB034**

安全风险公告牌

危险源	专用机动车辆		事故类型	事故诱因
级 别	一般危险源		1 车辆伤害 2 火灾 3 其它爆炸	1 未及时维修养护,未定期检测造成人身伤害; 2 存在指挥错误,操作失误,监护失误,无证操作,防护缺陷等管理失误; 3 未按要求进行年检,日常检查
风险等级	(低风险~较大风险)			
位 置	车库			
评价时间				
安全标志				管控措施
				1 编制应急预案并报有关部门批准,定期开展培训和应急演练; 2 驾驶员应持证上岗并严格执行操作规程; 3 按要求进行年检,日常检查; 4 非工作人员未经许可禁止进入车库
分级管控				应急措施
	管理单位	基层站所	班组	岗位
责任单位				1 发现设备缺陷或异常运行情况,应立即停止车辆运行,尽快组织检修排除故障; 2 当险情扩大,发生事故后应迅速启动相关应急预案,立即向相关部门汇报,紧急疏散危险区域人员; 3 出现火情时,及时使用消防器材灭火或拨打火警电话"119",出现人员伤亡时,根据伤情严重情况进行紧急救护,必要时拨打"120"电话,尽快就医
责任人				
报告电话	基层站所值班电话: 管理单位值班电话:			

图 3.2.35　BZYB035

安全风险公告牌

危　险　源			事故类型	事故诱因
级　　别	一般危险源		1 淹溺 2 高处坠落	1 运行期间未及时发现设施设备缺陷或损坏情况影响工程调度运行; 2 存在指挥错误,操作错误,防护缺陷等管理失误; 3 未按照相关规定定期开展检查
风险等级	(低风险～重大风险)			
位　　置	主体建筑物			
评价时间				
安全标志	当心溺倒 当心落水 禁止跨越 禁止触摸 必须按照操作 必须戴安全帽			管控措施
				1 水工测量人员应严格按照流程及标准进行操作维保; 2 按规范要求进行日常检查、定期检查、专项检查
分级管控	管理单位	基层站所	班组	岗位
责任单位				应急措施
责任人				1 发现设备缺陷或异常运行情况,应立即停止设备运行,尽快组织检修排除故障; 2 当险情扩大,发生事故后应迅速启动相关应急预案,立即向相关部门汇报,紧急疏散危险区域人员; 3 出现人员伤亡时,根据伤情严重情况进行紧急急救护,必要时拨打"120"电话,尽快就医
报告电话	基层站所值班电话: 管理单位值班电话:			

图 3.2.36　BZYB036

安全风险公告牌

危 险 源	网络设施	事故类型	事故诱因
级 别	一般危险源	1 触电 2 火灾	1 设施损坏影响闸门启闭、工程调度运行、安全监测数据传输； 2 存在指挥操作错误、监护失误、防护缺陷等管理失误； 3 未按照相关规定定期开展设备检测、定期检查
风险等级	（低风险～重大风险）		
位 置	机房		
评价时间			

安全标志		管控措施
当心触电 禁止烟火 禁止用水灭火 禁止触摸 注意通风 必须戴防尘口罩 安全保管		1 编制应急预案并报有关部门批准，定期开展培训和应急演练； 2 值班人员应严格按照流程及标准规准巡视检查； 3 运行、检修人员应严格执行操作规程； 4 按照相关规定定期开展设备检测、定期检查； 5 非工作人员未经许可禁止进入机房

分级管控				应急措施
责任单位	管理单位	基层站所	班组	1 发现设备缺陷或异常运行情况，应立即停止设备运行，尽快组织检修排除故障； 2 当险情扩大、发生事故后应迅速启动相关应急预案，立即向相关部门汇报，紧急疏散危险区域人员； 3 出现火情时，及时使用消防器材灭火或拨打火警电话"119"，出现人员伤亡时，根据伤情严重情况进行紧急救护，必要时拨打"120"电话，尽快就医
			岗位	
责任人				
报告电话	基层站所值班电话： 管理单位值班电话：			

图 3.2.37 BZYB037

安全风险公告牌

危 险 源		消防设施	事故类型	事故诱因
级　　别		一般危险源	1 物体打击 2 机械伤害 3 容器爆炸	1 设施损坏、过期或失效导致不能及时预警，不能正常发挥灭火功能； 2 存在指挥错误、操作错误、监护失误，防护缺陷等管理失误 3 未按照相关规定定期开展检查
风险等级		(低风险~重大风险)		
位　　置		主厂房		
评价时间				
安全标志			管控措施	
				1 编制应急预案并报有关部门批准，定期开展培训和应急演练； 2 值班人员应严格按照流程及标准巡视检查； 3 运行、检修人员应严格执行操作规程； 4 按规范要求进行日常检查、定期检查、专项检查； 5 非工作人员未经许可禁止进入主厂房
分级管控			应急措施	
责任单位	管理单位	班组	岗位	1 当发现设备缺陷，尽快组织检修排除故障； 2 当险情扩大、发生事故后应迅速启动相关应急预案、立即向相关部门汇报，紧急疏散危险区域人员； 3 出现火情时，及时使用消防器材灭火或拨打火警电话"119"，出现人员伤亡时，根据伤病情严重情况进行紧急救护，必要时拨打"120"电话，尽快就医
责 任 人	基层站所			
报告电话	基层站所值班电话： 管理单位值班电话：			

图 3.2.38　**BZYB038**

安全风险公告牌

危　险　源	机械作业		事故类型		事故诱因
级　　别	一般危险源			1 物体打击	1 作业人员违章指挥、违章操作，违反劳动纪律导致机械伤害；
风险等级	（低风险~一般风险）			2 机械伤害	2 未正确使用防护用品；
位　　置	机械作业区域			3 起重伤害	3 未进行上岗培训，未持证上岗；
评价时间					4 未掌握设施设备的技术参数、运行要求和安全操作规程；
					5 未制定落实应急预案，未组织演练
安全标志				管控措施	
				1 严禁违章指挥、违章操作，违反劳动纪律；	
				2 按规定使用安全防护用品，安全防护用品、安全防护设施应经常检查和定期试验，其检查试验的要求和周期应符合有关规定；	
				3 作业人员应进行上岗培训，并应持证上岗；	
				4 作业人员应熟练掌握设施设备的技术参数、运行要求和安全操作规程；	
				5 编制应急预案并报有关部门批准，定期开展培训和应急演练	
				应急措施	
分级管控	管理单位	基层站所	班组	岗位	1 当发生险情时，应及时切断电源停止作业消险；
责任单位					2 当险情扩大，应迅速启动相关应急预案，立即向相关部门汇报，紧急疏散危险区域人员；
责任人					3 出现火险时，及时使用消防器材灭火或拨打火警电话"119"，出现人员伤亡时，根据伤情严重情况进行紧急救护，必要时拨打"120"电话，尽快就医
报告电话	基层站所值班电话： 管理单位值班电话：				

图 3.2.39　BZYB039

安全风险公告牌

危险源	起重、搬运作业	事故类型
级　别	一般危险源	1 起重伤害
风险等级	(低风险～一般风险)	2 物体打击
位　置	起重、搬运作业区域	
评价时间		

事故诱因

1 作业人员违章指挥、违章操作,违反劳动纪律;
2 未正确使用防护用品;
3 未进行上岗培训,未持证上岗;
4 未掌握提升设施设备的技术参数、运行要求和安全操作规程;
5 未制定落实应急预案,未组织演练

管控措施

1 严禁违章指挥、违章操作,违反劳动纪律,起重作业应严格执行"十不吊";
2 按规定使用安全防护用品,安全防护用具应经常检查和定期试验,其检查试验的要求和周期应符合有关规定;
3 作业人员应进行上岗培训,并应持证上岗;
4 作业人员应熟练掌握起重设施设备的技术参数,运行要求和安全操作规程;
5 编制应急预案并报有关部门批准,定期开展培训和应急演练

安全标志

当心吊物　当心落物　禁止入内　禁止烟火　必须戴安全帽　必须持证上岗　必须按安全操作规程

应急措施

1 当发生险情时,应及时切断电源停止作业消险;
2 当险情扩大,应迅速启动相关应急预案,立即向相关部门汇报,紧急疏散危险区域人员;
3 出现人员伤亡时,根据伤情严重情况进行紧急救护,必要时拨打"120"电话,尽快就医

分级管控	管理单位	基层站所	班组	岗位
责任单位				
责任人				

报告电话　基层站所值班电话:
　　　　　管理单位值班电话:

图3.2.40　BZYB040

安全风险公告牌

危 险 源	电焊作业	事故类型	事故诱因
级　　别	一般危险源	1 灼烫 2 触电 3 火灾	1 作业人员违章指挥、违章操作，违反劳动纪律； 2 未正确使用防护用品； 3 未进行上岗培训、未持证上岗； 4 未按规范要求放置氧气、乙炔气瓶； 5 未制定落实应急预案、未组织演练
风险等级	（低风险～一般风险）		
位　　置	电焊作业区域		
评价时间			
安全标志			管控措施
			1 严禁违章指挥、违章操作，违反劳动纪律； 2 按规定使用安全防护用品，安全防护用具应经常检查和定期试验，其检查试验的要求和周期应符合有关规定； 3 作业人员应进行上岗培训，并应持证上岗； 4 氧气、乙炔气瓶使用时应保持安全距离，大于5 m；与明火保持安全距离，大于10 m； 5 编制应急预案并报有关部门批准，定期开展培训和应急演练
			应急措施
		岗位	1 当发生危险情时，应及时切断电源停止作业消险； 2 当险情扩大，应迅速启动相关应急预案，立即向相关部门汇报，紧急疏散危险区域人员； 3 出现火情时，及时使用消防器材灭火或拨打火警电话"119"，出现人员伤亡时，根据伤情严重情况进行紧急救护，必要时拨打"120"电话，尽快就医
分级管控	管理单位	班组	
责任单位	基层站所		
责任人			
报告电话	基层站所值班电话： 管理单位值班电话：		

图 3.2.41 BZYB041

安全风险公告牌

危险源	动火作业	事故类型	事故诱因
级别	一般危险源	1 灼烫 2 触电 3 火灾	1 作业人员违章指挥、违章操作、违反劳动纪律； 2 未正确使用防护用品； 3 未进行上岗培训，未持证上岗，未申请办理"动火证"； 4 未按规范要求做好火区域防火措施； 5 未制定落实应急预案、未组织演练
风险等级	（低风险~较大风险）		
位置	动火作业区域		
评价时间			

安全标志	管控措施
当心触电 当心高温表面 当心火灾 禁止烟火 禁止入内 必须佩戴防毒面具 必须系安全带 禁止通行 必须戴安全帽	1 严禁违章指挥、违章操作、违反劳动纪律； 2 按规定使用安全防护用品、安全防护用具应经常检查和定期试验，其检查试验的要求和周期应符合有关规定； 3 作业人员应进行上岗培训，并应持证上岗，按程序申请办理"动火证"； 4 用火区域须做好防火措施，配备足够的消防器材，动火作业完毕应清理现场，确认无残留火种后方可离开； 5 编制应急预案并报有关部门批准，定期开展培训和应急演练

分级管控				应急措施
管理单位	基层站所	班组	岗位	1 当发生险情时，应及时切断电源停止作业消险； 2 当险情扩大，应迅速启动相关应急预案，立即向相关部门汇报，紧急疏散危险区域人员； 3 出现火情时，及时使用消防器材灭火或拨打火警电话"119"，出现人员伤亡时，根据伤情严重情况进行紧急救护，必要时拨打"120"电话，尽快就医

责任单位	
责任人	
报告电话	基层站所值班电话： 管理单位值班电话：

图 3.2.42 BZYB042

安全风险公告牌

危险源	别	断路作业	事故类型	事故诱因
级	别	一般危险源		1 作业人员违章指挥、违章操作、违反劳动纪律； 2 未正确使用防护用品； 3 未在断路的路口和相关道路上设置交通警示标志，未在作业区域附近设置路栏、道路作业警示灯，导向标示等交通警示设施； 4 未进行上岗培训，不熟悉施工方案和安全操作规程； 5 未制定落实应急预案，未组织演练
风险等级		（低风险~较大风险）	1 车辆伤害 2 高处坠落	
位	置	断路作业区域		
评价时间				

安全标志	管控措施
⚠当心漏电 ⚠当心电缆 🚫禁止通行 🚫禁止入内 🔵必须戴安全帽 🔵必须指定上岗 🔵必须按规定操作	1 严禁违章指挥、违章操作、违反劳动纪律； 2 按规定使用安全防护用品，安全防护用具应经常检查和定期试验，其检查试验的要求和周期应符合有关规定； 3 作业单位应根据需要在断路的路口和相关道路上设置交通警示标志，在作业区域附近设置路障、道路作业警示灯，导向标示等交通警示设施； 4 作业人员应进行上岗培训，熟悉施工方案和安全操作规程； 5 编制应急预案并报有关部门批准、定期开展培训和应急演练

分级管控				应急措施
			岗位	1 当发生险情时，应及时切断电源停止作业消险； 2 当情扩大，应迅速启动相关应急预案，立即向相关部门汇报，紧急疏散危险区域人员； 3 出现人员伤亡时，根据伤情严重情况进行紧急救护，必要时拨打"120"电话，尽快就医
责任单位	管理单位	基层站所	班组	
责任人				
报告电话	基层站所值班电话： 管理单位值班电话：			

图 3.2.43 BZYB043

安全风险公告牌

危险源	危化作业	事故类型	事故诱因
级　别	一般危险源	1 中毒和窒息 2 火灾 3 其它爆炸	1 作业人员违章指挥、违章操作，违反劳动纪律； 2 未正确使用防护用品； 3 未进行上岗培训，未持证上岗； 4 未按规范进行密闭操作，现场通风不良； 5 未制定落实应急预案，未组织演练
风险等级	（低风险～较大风险）		
位　置	危化作业区域		
评价时间			

安全标志

当心火灾　当心中毒　当心爆炸　当心触电

禁止烟火　禁止入内　禁止堆放

必须戴防尘口罩　必须持证上岗　注意通风　必须戴安全帽

管控措施

1 严禁违章指挥、违章操作，违反劳动纪律；
2 按规定使用安全防护用品，安全防护用具应经常检查和定期试验，其检查试验的要求和周期应符合有关规定；
3 作业人员应进行上岗培训，并应持证上岗；
4 密闭操作，加强通风，远离火种、热源，远离易燃物、可燃物；
5 编制应急预案并报有关部门批准，定期开展培训和应急演练

应急措施

1 当发生险情时，应及时切断电源停止作业消险；
2 当险情扩大，应迅速启动相关应急预案，立即向相关部门汇报，紧急疏散危险区域人员；
3 出现火情时，及时使用消防器材灭火或拨打火警电话"119"，出现人员伤亡时，根据伤情严重情况进行紧急救护，必要时拨打"120"电话，尽快就医

分级管控			岗位
管理单位	基层站所	班组	

责任单位	
责任人	
报告电话	基层站所值班电话： 管理单位值班电话：

图 3.2.44　BZYB044

安全风险公告牌

危险源	破土作业	事故类型		
级别	一般危险源	1 中毒和窒息 2 坍塌 3 机械伤害		
风险等级	（低风险～较大风险）			
位置	破土作业区域			
评价时间				

事故诱因

1 作业人员违章指挥、违章操作、违反劳动纪律导致管线破坏、中毒、坍塌；
2 未正确使用防护用品导致机械伤害；
3 未进行上岗培训、未持证上岗；
4 现场通风不良导致中毒；
5 未制定落实应急预案、未组织演练

管控措施

1 严禁违章指挥、违章操作、违反劳动纪律；
2 按规定使用安全防护用品，安全防护用品应经常检查和定期试验，其检查试验的要求和周期应符合有关规定；
3 作业人员应进行上岗培训，并取得破土安全作业证；
4 加强通风，做好施工现场安全防护；
5 编制应急预案并报有关部门批准，定期开展培训和应急演练

应急措施

1 当发生险情时，应及时切断电源停止作业消险；
2 当险情扩大，应迅速启动相关应急预案，立即向相关部门汇报，紧急疏散危险区域人员；
3 出现人员伤亡时，根据伤情严重情况进行紧急救护，必要时拨打"120"电话，尽快就医

安全标志

当心坑洞　当心中毒　当心塌方
必须戴防毒面具　注意通风
禁止吸烟　禁止入内　必须戴安全帽
必须佩戴呼吸器具　必须佩戴防护眼镜

分级管控

责任单位	管理单位	基层站所	班组	岗位
责任人				
报告电话	基层站所值班电话： 管理单位值班电话：			

图 3.2.45　BZYB045

安全风险公告牌

危险源	高压电气设备巡视、检修作业		事故类型	事故诱因
级别	一般危险源		1 触电 2 火灾	1 防护距离不够，违章操作引发触电； 2 未正确使用防护用品； 3 未进行上岗培训，未持证上岗； 4 未掌握设备的技术参数，运行要求和安全操作规程； 5 未制定落实应急预案、未组织演练
风险等级	（低风险～较大风险）			
位置	高压电气设备区域			
评价时间				

安全标志

当心触电　当心火灾　禁止合闸　当心电缆　禁止攀登　禁止入内　必须戴安全帽　必须接地　必须持证上岗

	管控措施
	1 严禁违章指挥、违章操作，违反劳动纪律，合理设置安全防护距离； 2 按规定使用安全防护用品，安全防护用具应经常检查和定期试验，其检查试验的要求和周期应符合有关规定； 3 作业人员应进行上岗培训，并应持证上岗； 4 作业人员应熟练掌握设施设备的技术参数，运行要求和安全操作规程； 5 编制应急预案并报有关部门批准，定期开展培训和应急演练
	应急措施
	1 当发生险情时，应及时切断电源停止作业消险； 2 当险情扩大，应迅速启动相关应急预案，立即向相关部门汇报，紧急疏散危险区域人员； 3 出现火情时，及时使用消防器材灭火或拨打火警电话"119"，出现人员伤亡时，根据伤情严重程度情况进行紧急救护，必要时拨打"120"电话，尽快就医

分级管控

责任单位	管理单位	基层站所	班组	岗位
责任人				
报告电话	基层站所值班电话： 管理单位值班电话：			

图 3.2.46　BZYB046

安全风险公告牌

危险源	水泵、风机检修作业		事故类型	事故诱因
级　别	一般危险源		1 触电 2 机械伤害	1 作业人员违章指挥、违章操作、违反劳动纪律导致触电、机械伤害； 2 未正确使用防护用品； 3 未进行上岗培训，未持证上岗； 4 未掌握设备的技术参数，运行要求和安全操作规程； 5 未制定落实应急预案，未组织演练
风险等级	（低风险～较大风险）			
位　置	水泵、风机所在区域			
评价时间				
安全标志				管控措施
（安全标志图标）				1 严禁违章指挥、违章操作、违反劳动纪律； 2 按规定使用安全防护用品、安全防护用具应经常检查和定期试验，其检查试验的要求和周期应符合有关规定； 3 作业人员应进行上岗培训，并应持证上岗； 4 作业人员应熟练掌握设备的技术参数，运行要求和安全操作规程； 5 编制应急预案并报有关部门批准，定期开展培训和应急演练
分级管控				应急措施
责任单位	管理单位	基层站所	班组	岗位
				1 当发生险情时，应及时切断电源停止作业消险； 2 当险情扩大，应迅速启动相关应急预案，立即向相关部门汇报，紧急疏散危险区域人员； 3 出现人员伤亡时，根据伤情严重情况进行紧急救护，必要时拨打"120"电话，尽快就医
责任人				
报告电话	基层站所值班电话： 管理单位值班电话：			

图 3.2.47　BZYB047

143

安全风险公告牌

危险源	管道、压力容器检修作业	事故类型	事故诱因
级 别	一般危险源	1 中毒和窒息 2 容器爆炸 3 火灾	1 作业人员违章指挥、违章操作、违反劳动纪律； 2 未正确使用防护用品； 3 未进行上岗培训、未持证上岗； 4 未按规范进行操作，现场通风不良； 5 未制定落实应急预案、未组织演练
风险等级	（低风险~较大风险）		
位 置	管道、压力容器区域		
评价时间			

安全标志	管控措施
	1 严禁违章指挥、违章操作、违反劳动纪律； 2 按规定使用安全防护用品，安全防护用具应经常检查和定期试验，其检查试验的要求和周期应符合有关规定； 3 作业人员应进行上岗培训，并应持证上岗； 4 规范操作，加强通风，远离火种、热源，远离易燃物、可燃物； 5 编制应急预案并报有关部门批准，定期开展培训和应急演练

	应急措施
分级管控	1 当发生险情时，应及时切断电源停止作业消险； 2 当险情扩大，应迅速启动相关应急预案，立即向相关部门汇报，紧急疏散危险区域人员； 3 出现火情时，及时使用消防器材灭火或拨打火警电话"119"，出现人员伤亡时，根据伤情严重情况进行紧急救护，必要时拨打"120"电话，尽快就医

分级管控			
	管理单位	基层站所	班组	岗位
责任单位				
责任人				
报告电话	基层站所值班电话： 管理单位值班电话：			

图 3.2.48 BZYB048

安全风险公告牌

危险源	油类运行和检修作业（含油取样及分析）	事故类型	1 火灾 2 触电 3 其它爆炸	事故诱因	1 作业人员违章指挥、违章操作，违反劳动纪律； 2 未正确使用防护用品； 3 未进行上岗培训、未持证上岗； 4 未按规范要求做好安全措施； 5 未制定落实应急预案、未组织演练
级别	一般危险源				
风险等级	（低风险~较大风险）				
位置	油类作业区域				
评价时间					

安全标志	管控措施	1 严禁违章指挥、违章操作，违反劳动纪律； 2 按规定使用安全防护用品、安全防护用具应经常检查和定期试验，其检查试验的要求和周期应符合有关规定； 3 作业人员应进行上岗培训，并应持证上岗； 4 严格操作，远离火种、热源，远离易燃物、可燃物； 5 编制应急预案并报有关部门批准，定期开展培训和应急演练
当心火灾　当心触电　当心爆炸　禁止堆放　禁止烟火　禁止入内 必须戴防毒面具　必须持证上岗　必须穿防护服	应急措施	1 当发生险情时，应及时切断电源停止作业消险； 2 当险情扩大，应迅速启动相关应急预案，立即向相关部门汇报，紧急疏散危险区域人员； 3 出现火情时，及时使用消防器材灭火或拨打火警电话"119"，出现人员伤亡时，根据伤情严重情况进行紧急救护，必要时拨打"120"电话，尽快就医

分级管控	管理单位	基层站所	班组	岗位
责任单位				
责任人				
报告电话	基层站所值班电话： 管理单位值班电话：			

图 3.2.49　BZYB049

安全风险公告牌

危险源	现场设备检查维护作业		事故类型			事故诱因
级　别	一般危险源		1 触电			1 作业违反操作规程引发触电、机械伤害； 2 未正确使用用防护用品； 3 未进行上岗培训，未持证上岗； 4 未制定落实应急预案、未组织演练
风险等级	（低风险～较大风险）		2 机械伤害			
位　置	现场设备					
评价时间						
安全标志						管控措施
						1 严禁违章指挥、违章操作、违反劳动纪律； 2 按规定使用安全防护用品。安全防护用品应符合有关规定的要求和周期并应经常检查和定期试验，其检查试验的要求和周期应符合有关规定； 3 作业人员应进行上岗培训，并应持证上岗； 4 编制应急预案并报有关部门批准，定期开展培训和应急演练
分级管控						应急措施
责任单位	管理单位	基层站所	班组	岗位		1 当发生险情时，应及时切断电源停止作业消险； 2 当险情扩大，应迅速启动相关应急预案，立即向相关部门汇报，紧急疏散危险区域人员； 3 出现火情时，及时使用消防器材灭火或拨打火警电话"119"，出现人员伤亡时，根据伤情严重情况进行紧急救护，必要时拨打"120"电话，尽快就医
责任人						
报告电话	基层站所值班电话： 管理单位值班电话：					

图 3.2.50　BZYB050

安全风险公告牌

危险源		高电压试验	事故类型	事故诱因
级 别		一般危险源	1 触电 2 火灾	1 防护距离不够,违章操作引发触电; 2 未正确使用防护用品; 3 未进行上岗培训,未持证上岗; 4 未掌握设施设备的技术参数,运行要求和安全操作规程; 5 未制定落实应急预案,未组织演练
风险等级		(低风险～重大风险)		
位 置		高压试验区域		
评价时间				

安全标志	管控措施
当心触电 当心火灾 必须戴防护手套 禁止烟火 禁止合闸 禁止攀登 禁止入内 必须持证上岗 必须系安全带	1 严禁违章指挥,违章操作,违反劳动纪律,合理设置安全防护距离; 2 按规定使用安全防护用品,安全防护用具应经常检查和定期试验,其检查试验的要求和周期应符合有关规定; 3 作业人员应进行上岗培训,并应持证上岗; 4 作业人员应熟练掌握设施设备的技术参数,运行要求和安全操作规程; 5 编制应急预案并报有关部门批准,定期开展培训和应急演练

分级管控					应急措施
责任单位	管理单位	基层站所	班组	岗位	1 当发生险情时,应及时切断电源停止作业消险; 2 当险情扩大,应迅速启动相关应急预案,立即向相关部门汇报,紧急疏散危险区域人员; 3 出现火情时,及时使用消防器材灭火或拨打火警电话"119",出现人员伤亡时,根据伤情严重情况进行紧急救护,必要时拨打"120"电话,尽快就医
责任人					
报告电话	基层站所值班电话: 管理单位值班电话:				

图 3.2.51 BZYB051

安全风险公告牌

危 险 源		消防通道	事故类型			
级 别	一般危险源		火灾			
风险等级	（低风险～重大风险）					
位 置	消防通道					
评价时间						

事故诱因

1 因消防通道不满足要求导致发生火灾时不能及时扑灭；
2 消防通道不畅通，未及时清理；
3 未对消防设施的功能进行测试性的检查；
4 未定期检查消防设施，保证消防设施处于完好、有效状态；
5 未制定落实应急预案、未组织演练

安全标志

（当心火灾 当心触电 禁止烟火 禁止堆放 禁止用水灭火 注意通风）

管控措施

1 应保证消防通道设置满足消防安全要求；
2 消防通道保持畅通、及时清理通道；
3 应对消防设施的功能进行测试性的检查；
4 定期检查消防设施，保证消防设施处于完好、有效状态；
5 编制应急预案并报有关部门批准，定期开展培训和应急演练

应急措施

1 当发生险情时，应及时消险；
2 当险情扩大，应迅速启动相关应急预案，立即向相关部门汇报，紧急疏散危险区域人员；
3 出现火情时，及时使用消防器材灭火或拨打火警电话"119"，出现人员伤亡时，根据伤情严重情况进行紧急救护，必要时拨打"120"电话，尽快就医

分级管控

管理单位	基层站所	班组	岗位
责任单位			
责任人			

报告电话

基层站所值班电话：
管理单位值班电话：

图 3.2.52 BZYB052

安全风险公告牌

危 险 源	孔洞、临边、临水部位		事故类型	事故诱因
级　别	一般危险源		1 高处坠落 2 淹溺	1 因防护栏杆缺失，井、坑、孔、洞、沟道覆没与地面齐平、盖板或照明不足导致高处坠落、淹溺； 2 未按照相关规定定期开展工程检查； 3 未设置警示标志； 4 未正确使用安全防护用品
风险等级	（低风险～重大风险）			
位　置	外部人员的活动区域			
评价时间				
安全标志			管控措施	1 高处作业面（如坝顶、屋顶、原料平台、工作平台等）的临空边沿，必须设置安全防护栏杆及挡脚板； 2 按规范要求进行日常检查、定期检查、专项检查； 3 施工现场的洞、井、坑、沟、孔等危险部位应设置安全防护设施和明显的安全警示标志，高处临边防护栏杆处宜有夜间示警红灯； 4 高处临空作业应按规定搭设安全网，作业人员使用的安全带应挂在牢固的物体上或可靠的安全绳上，安全带严禁低挂高用
			应急措施	1 当发生险情时，应及时消险； 2 当险情扩大，应迅速启动相关应急预案，立即向相关部门汇报，紧急疏散危险区域人员； 3 当出现人员伤亡时，根据伤情严重情况进行紧急救护，必要时拨打"120"电话，尽快就医
分级管控	管理单位	基层站所	班组	岗位
责任单位				
责任人				
报告电话	基层站所值班电话： 管理单位值班电话：			

图 3.2.53　BZYB053

安全风险公告牌

危险源	山体存在潜在滑坡、落石区域		事故类型		
级　别	一般危险源		1 坍塌 2 物体打击 3 淹溺		
风险等级	（低风险～一般风险）				
位　置	管理和保护范围内				
评价时间					

事故诱因
1 因大风、暴雨、洪水等导致坍塌、物体打击、浪涌等； 2 未按照相关规定定期开展工程检查； 3 建筑物出现损坏影响山体稳定未及时处理

安全标志
当心落水　当心滑跌　禁止入内　禁止嬉水　必须戴安全帽

管控措施
1 编制应急预案并报有关部门批准，定期开展培训和应急演练； 2 按规范要求进行日常检查、定期检查、专项检查； 3 坚持"经常养护，及时维修，养修并重"，对检查发现的缺陷和问题，随时进行养护维修

应急措施
1 当发生险情时，应及时消险； 2 当险情扩大，应迅速启动相关应急预案，立即向相关部门汇报，紧急疏散危险区域人员； 3 出现人员伤亡时，根据伤情严重情况进行紧急救护，必要时拨打"120"电话，尽快就医

责任单位	分级管控			
	管理单位	基层站所	班组	岗位
责任人				
报告电话	基层站所值班电话： 管理单位值班电话：			

图 3.2.54　BZYB054

4 水利工程水电站运行危险源安全风险公告牌

4.1 水利工程水电站运行重大危险源安全风险公告牌

水利工程水电站运行重大危险源分六个类别,分别为构(建)筑物类、金属结构类、设备设施类、作业活动类、管理类和环境类,各类的辨识与评价对象主要有:

构(建)筑物类(泵站):引水建筑物。

金属结构类:压力钢管。

设备设施类:特种设备。

作业活动类:作业活动。

管理类:运行管理等。

环境类:自然环境等。

水利工程水电站运行重大危险源安全风险公告牌见图例 SDZZD001～SDZZD003。

安全风险公告牌

危险源	挡水堰（坝）	事故类型	
级别	重大危险源	1 坍塌 2 淹溺	
风险等级	重大风险		
位置	挡水堰（坝）		
评价时间			

事故诱因
1 因不良地质，堰（坝）出现变形、渗漏异常导致溃坝、水淹厂房及周边设施、人员伤亡；
2 工程超标准运用；
3 未按《江苏省水库技术管理办法》要求对建筑物进行工程检测、设备评级和安全监测；
4 未按要求对建筑物进行工程养护及工程维修；
5 未按《水库大坝安全鉴定办法》及时开展定期安全鉴定

管控措施
1 编制应急预案并报有关部门批准，定期开展培训和应急演练；
2 加强水雨情监测，科学合理调度；
3 按规范要求制定检查制度，并按检查内容认真开展经常或定期检查；
4 按规范要求开展工程维修养护，及时修复建筑物局部破损；
5 按规范要求及时进行安全鉴定

应急措施
1 当发生险情时，应立即组织消险，渗漏处理应遵照"上截下排"的原则，采取截渗、导渗排水措施；
2 当险情扩大，应迅速启动相关应急预案，立即向相关部门汇报，紧急疏散危险区域人员；
3 出现人员伤亡时，根据伤情严重情况进行紧急救护，必要时拨打"120"电话，尽快就医

安全标志

分级管控					岗位
责任单位	管理单位	基层站所	班组		
责任人					
报告电话	基层站所值班电话： 管理单位值班电话：				

图 4.1.1 SDZZD001

安全风险公告牌

危 险 源	调压塔/调压井	事 故 类 型	事 故 诱 因
级　别	重大危险源		1 因不良地质，调压设施出现变形、渗漏异常引起顶部溢水、塌陷、漏水、水淹厂房及周边设施，人员伤亡； 2 未按要求对调压设施进行安全监测并及时整理分析监测资料； 3 未结合水道系统定期放空、检查； 4 未及时开展安全评价
风险等级	**重大风险**	1 坍塌 2 淹溺	
位　置	调压设施		
评价时间			

安全标志	管控措施
（当心坠落　禁止踩踏　禁止入内　禁止烟火　标牌制作规格）	1 编制应急预案并报有关部门批准，定期开展培训和应急演练； 2 按规范要求制定检查制度，并按检查内容认真开展安全监测并及时整理分析监测资料； 3 按规范要求结合水道系统定期放空、检查，发现问题及时修复； 4 按规范要求及时进行安全评价

分级管控				应急措施
责任单位	管理单位	基层站所	班组	1 当发生险情时，应立即组织消险、渗漏处理应遵照"上截下排"的原则，采取截渗、导渗排水措施； 2 当险情扩大，应迅速启动相关应急预案，立即向相关部门汇报，紧急疏散危险区域人员； 3 出现人员伤亡时，根据伤情严重情况进行紧急救护，必要时拨打"120"电话，尽快就医
责任人			岗位	
报告电话	基层站所值班电话： 管理单位值班电话：			

图 4.1.2　SDZZD002

安全风险公告牌

危险源	压力管道/镇支墩		事故类型	事故诱因
级别	重大危险源			1 因压力管道或镇支墩变形、开裂引起失稳、爆管;
风险等级	重大风险		1 淹溺	2 未定期进行压力钢管安全检测;
位置	压力管道/镇支墩		2 坍塌	3 未按要求经常或定期对压力管道、镇支墩进行巡视检查;
评价时间			3 其它爆炸	4 未按规范要求进行压力钢管的维护工作

安全标志	管控措施
⚠️ 当心落件 🚫禁止攀登 🚫禁止入内 🚫禁止烟火 ℹ️必须按规程操作	1 编制应急预案并报有关部门批准,定期开展培训和应急演练; 2 按规范要求定期进行压力钢管安全检测; 3 按规范要求制定检查制度,并按检查内容认真开展经常或定期检查并及时整改; 4 按规范要求进行压力钢管的维护工作

分级管控				应急措施
管理单位	基层站所	班组	岗位	1 当压力管道、镇支墩出现异常应第一时间进行降压,直至停车;
责任单位				2 当险情扩大,应迅速启动相关应急预案,立即向相关部门汇报,紧急疏散危险区域人员;
责任人				3 出现火情时,及时使用消防器材灭火或打火警电话"119",出现人员伤亡时,根据伤情严重情况进行紧急救护,必要时拨打"120"电话,尽快就医
报告电话	基层站所值班电话: 管理单位值班电话:			

图 4.1.3 SDZZD003

4.2 水利工程水电站运行一般危险源安全风险公告牌

水利工程水电站运行危险源分六个类别,分别为构(建)筑物类、金属结构类、设备设施类、作业活动类、管理类和环境类,各类的辨识与评价对象主要有:

构(建)筑物类:引水建筑物、尾水建筑物、厂房等。

金属结构类:闸门、拦污设备等。

设备设施类:电气设备、水力机械及辅助设备类、特种设备、管理设施等。

作业活动类:作业活动、试验检验等。

管理类:管理体系、运行管理等。

环境类:自然环境、工作环境等。

水利工程水电站运行一般危险源安全风险公告牌见图例 SDZYB001～SDZYB006。

安全风险公告牌

危险源级别	进水口/引水渠(洞)/翼墙		事故类型	事故诱因
级别	一般危险源		1 坍塌 2 淹溺	1 因不良地质，水流冲刷，淤积物，沉降变形，止水失效等引起建筑物变形，漫溢，渗漏，结构破坏，倒塌，水淹厂房等； 2 工程超标准运用； 3 未按规范要求进行日常巡查，年度详查，定期检查和特种检查； 4 未及时进行补强加固，更新改造和隐患治理； 5 未定期进行安全注册
风险等级	(低风险～重大风险)			
位置	引(输)水建筑物			
评价时间				

管控措施

1 编制应急预案并报有关部门批准，定期开展培训和应急演练；
2 加强巡视检查，做好水电站和大坝的安全监测，水情测报和水库调度，确保能够按照防洪调度原则和设计规定安全运行；
3 按规范要求进行日常巡查，年度详查，定期检查和特种检查；
4 按规范要求开展工程维修养护，及时修复建筑物局部破损；
5 按规范要求及时进行安全注册，并向上级主管部门汇报

安全标志

（当心落水　当心坠落　禁止游泳　禁止钓鱼　禁止攀登　必须穿救生衣）

应急措施

1 当引输水建筑物出现险情时，应立即组织消险，渗漏处理应遵照"上截下排"的原则，采取截渗，导渗排水措施；
2 当险情扩大，应迅速启动相关应急预案，立即向相关部门汇报，紧急疏散危险区域人员；
3 出现人员伤亡时，根据伤情严重情况进行紧急救护，必要时拨打"120"电话，尽快就近就医

分级管控	管理单位	基层站所	班组	岗位
责任单位				
责任人				
报告电话	基层站所值班电话： 管理单位值班电话：			

图 4.2.1　SDZYB001

安全风险公告牌

危　险　源	尾水洞/渠/翼墙		事故类型	事故诱因
级　别	一般危险源		1 坍塌 2 淹溺	1 因水流冲刷、淤积物、沉降变形、渗透破坏等引起建筑物结构破坏、汽蚀、凹陷、滑坡、堵塞、滑移、裂缝、变形、倾覆、倒塌等； 2 工程超标准运用； 3 未按规范要求进行日常巡查、年度详查、定期检查和特种检查； 4 未及时进行补强加固、更新改造和隐患治理； 5 未定期进行安全注册
风险等级	（低风险～重大风险）			
位　置	尾水建筑物			
评价时间				
安全标志	当心落水　当心坠落　禁止游泳　禁止翻越　禁止垂钓　必须穿救生衣			**管控措施** 1 编制应急预案并报有关部门批准，定期开展培训和应急演练； 2 加强巡视检查，做好水电站大坝的安全运行，按照防洪调度原则和设计规定安全运行，水情测报和水库调度，确保能够安全运行； 3 按规范要求进行日常巡查、年度详查、定期检查和特种检查； 4 按规范要求开展工程维修养护，及时修复建筑物局部破损； 5 按规范要求及时进行安全注册，并向上级主管部门汇报
分级管控	管理单位	基层站所	班组	岗位	**应急措施** 1 当引输水建筑物出现险情时，应立即组织消险。渗漏处理应遵照"上截下排"的原则，采取截渗、导渗排水措施； 2 当险情扩大，应迅速启动相关应急预案，立即向相关部门汇报。紧急疏散危险区域人员； 3 出现人员伤亡时，根据伤情严重情况进行急救，必要时拨打"120"电话，尽快就医
责任单位					
责任人					
报告电话	基层站所值班电话： 管理单位值班电话：				

图 4.2.2　SDZYB002

安全风险公告牌

危 险 源	基础及支架		事故类型
级　　别	一般危险源		1 坍塌
风险等级	（低风险～重大风险）		2 触电
位　　置	升压站、开关站		3 其它爆炸
评价时间			4 火灾

事故诱因

1 因沉降、倾覆引起设备损坏；
2 未按规范要求进行日常巡查、年度详查、定期检查和特种检查；
3 未及时进行补强加固、更新改造和隐患治理；
4 未定期进行安全注册

安全标志

当心触电　当心火灾　当心磁场　禁止烟火　禁止触摸　禁止入内　必须戴安全帽

管控措施

1 编制应急预案并报有关部门批准，定期开展培训和应急演练；
2 按规范要求进行日常巡查、年度详查、定期检查和特种检查；
3 按规范要求开展工程维修养护，及时修复建筑物局部破损；
4 按规范要求及时进行安全注册，并向上级主管部门汇报

应急措施

1 当基础及支架出现险情时，应立即组织消险；
2 当险情扩大、应迅速启动相关应急预案，立即向相关部门汇报，紧急疏散危险区域人员；
3 出现火情时，及时使用消防器材灭火或拨打火警电话"119"，出现人员伤亡时，根据伤亡情况严重情况进行紧急救护，必要时拨打"120"电话，尽快就医

分级管控			
	管理单位	基层站所	班组	岗位
责任单位			
责任人			
报告电话	基层站所值班电话： 管理单位值班电话：		

图 4.2.3 SDZYB003

安全风险公告牌

危 险 源	发电机	事故类型	事故诱因
级　别	一般危险源	1 触电 2 火灾 3 爆炸 4 机械伤害	1 发电机部件制造缺陷或安装缺陷、冷却系统故障、传感器故障、绝缘受潮、老化、损坏导致设备损坏、机组解列停机、火灾； 2 设备过负荷运行引发火灾、爆炸； 3 存在指挥错误、操作错误，监护失误、无证操作、防护缺陷等管理失误； 4 未按照相关规定定期开展检查
风险等级	（低风险～重大风险）		
位　置	发电机房		
评价时间			

安全标志

（当心火灾、当心触电、当心坠落、当心机械伤人、噪声有害、禁止烟火、禁止用水灭火、必须戴安全帽、必须持证上岗、必须穿防静电服）

管控措施

1 编制应急预案并报有关部门批准，定期开展培训和应急演练；
2 值班人员应严格按照流程及标准规范视检查；
3 设备不宜在过负荷的情况下运行；
4 运行、检修人员应持证上岗并严格执行操作规程；
5 按规范要求进行日常检查、定期检查、专项检查

应急措施

1 发现设备缺陷或异常运行情况，应立即停止运行，尽快组织检修排除故障；
2 当险情扩大，应迅速启动相关应急预案，立即向相关部门汇报，紧急疏散危险区域人员；
3 出现火情时，及时使用消防器材灭火或拨打火警电话"119"；出现人员伤亡时，根据伤情严重情况进行紧急救护，必要时拨打"120"电话，尽快就医

分级管控

责任单位	管理单位	基层站所	班组	岗位
责任人				
报告电话	基层站所值班电话： 管理单位值班电话：			

图 4.2.4　SDZYB004

安全风险公告牌

危 险 源		水轮机	事故类型	事故诱因
级 别	一般危险源		1 触电 2 火灾 3 机械伤害	1 检修安装不正确、冷却系统故障、油质劣化、机械、水力、电磁原因引起的故障、违规操作等导致机组设备损坏、过负荷、触电、灼烫、火灾、人员伤害； 2 设备过负荷运行引发火灾、灼烫、爆炸； 3 存在指挥错误、操作错误、监护失误、无证操作、防护缺陷等管理失误； 4 未按照相关规定定期开展检查
风险等级	（低风险～重大风险）			
位 置	主机组			
评价时间				

安全标志	管控措施
当心触电 当心坑洞 当心机械伤人 噪声有害 禁止触摸 禁止用水灭火 禁止烟火 必须戴防尘口罩 必须持证上岗 必须穿防静电服 必须戴安全帽	1 编制应急预案并报有关部门批准，定期开展培训和应急演练； 2 运行期间值班人员应严格按照流程及标准巡视检查； 3 设备不宜在过负荷的情况下运行； 4 运行、检修人员应持证上岗并严格执行操作规程； 5 按规范要求进行日常检查、定期检查、专项检查

分级管控				应急措施
	管理单位	基层站所	班组	1 发现设备缺陷或异常运行情况，应立即停止运行，尽快组织检修排除故障； 2 当险情扩大，应迅速启动相关应急预案，立即向相关部门汇报，紧急疏散危险区域人员； 3 出现火情时，及时使用消防器材灭火或拨打火警电话"119"，出现人员伤亡时，根据伤情严重情况进行紧急救护，必要时拨打"120"电话，尽快就医
责任单位			岗位	
责任人				
报告电话	基层站所值班电话： 管理单位值班电话：			

图 4.2.5　SDZYB005

安全风险公告牌

危　险　源	调速器	事故类型	事故诱因
级　　别	一般危险源	1 触电 2 火灾 3 机械伤害	1 部件产品质量问题，结构松脱变位，参数设置改变等导致失压失控，溜负荷等； 2 存在指挥错误，操作错误，监护失误，无证操作，防护缺陷等管理失误； 3 未按照相关规定定期开展检查
风险等级	（低风险～重大风险）		
位　　置	主机组		
评价时间			

	安全标志	管控措施
		1 编制应急预案并报有关部门批准，定期开展培训和应急演练； 2 正确使用个人防护用品用具； 3 值班人员应按照流程及标准巡视巡查检查； 4 运行、检修人员应持证上岗并严格执行操作规程； 5 按规范要求进行日常检查、定期检查、专项检查

			应急措施
分级管控			1 发现设备缺陷或异常运行情况，应立即停止运行，尽快组织检修排除故障； 2 当险情扩大，应迅速启动相关应急预案，立即向相关部门汇报，紧急疏散危险区域人员； 3 出现火情时，及时使用消防器材灭火或拨打火警电话"119"，出现人员伤亡时，根据伤情严重情况进行紧急救护，必要时拨打"120"电话，尽快就医

责任单位	管理单位	基层站所	班组	岗位
责任人				
报告电话	基层站所值班电话： 管理单位值班电话：			

图 4.2.6　SDZYB006

5 水利工程水闸运行危险源安全风险公告牌

5.1 水利工程水闸运行重大危险源安全风险公告牌

水利工程水闸运行重大危险源分六个类别,分别为构(建)筑物类、金属结构类、设备设施类、作业活动类、管理类和环境类,各类的辨识与评价对象主要有:

构(建)筑物类:闸室段,上下游连接段,地基等。

金属结构类:闸门,启闭机械等。

设备设施类:电气设备等。

作业活动类:作业活动等。

管理类:运行管理等。

环境类:自然环境等。

水利工程水闸运行重大危险源安全风险公告牌见图例 SZZD001~SZZD006。

安全风险公告牌

危险源	闸室	事故类型	事故诱因
级别	重大危险源	1 坍塌 2 淹溺	1 闸室底板出现渗漏异常、接缝破损、止水失效等导致不均匀沉降、异常位移或闸室失稳； 2 工程超标准运用； 3 未按照相关规定定期开展工程检查、观测及水下检查； 4 工程设施破损维护不及时； 5 未按《水闸安全评价导则》及时开展定期安全鉴定； 6 违规在安全警戒区内游泳、捕鱼、行船
风险等级	重大风险		
位置	闸室段		
评价时间			

安全标志	管控措施
当心落水　当心坠落 禁止游泳　禁止跨越　禁止攀登　禁止戏水 保护环境人人有责　爱护堤坝珍惜生命 必须穿救生衣	1 编制应急预案并报有关部门批准，定期开展培训和应急演练； 2 根据《江苏省水闸技术管理办法》制定水闸控制运用方案，严格按控制运用要求执行； 3 按照规范要求开展工程检查、垂直位移观测、河床断面、渗流观测和水下检查等安全监测项目，及时了解工程安全状况； 4 按规范要求开展维修养护，及时修复建筑物局部破损； 5 按规范要求及时进行安全鉴定； 6 加强检查巡视，禁止在安全管理范围内游泳、捕鱼、行船

分级管控				应急措施
	管理单位	基层站所	班组	岗位
责任单位				1 当闸室出现险情时，应及时组织消险，底板、闸墩发生渗漏、裂缝、止水设施损坏、应根据水深、部位、面积大小、危害程度等不同情况，选用钢围水、气压沉柜等设施进行修补，或由潜水人员采用特种混凝土进行水下修补； 2 当险情扩大、发生事故后应迅速启动相关应急预案，立即向相关部门汇报，紧急疏散危险区域人员； 3 出现人员伤亡时，根据伤情严重情况进行紧急救护，必要时拨打"120"电话，尽快就医就诊
责任人				
报告电话	基层站所值班电话： 管理单位值班电话：			

图 5.1.1　SZZD001

安全风险公告牌

危险源级别		上下游连接段	事故类型
级 别	重大危险源		1 坍塌
风险等级	重大风险		2 淹溺
位 置	上下游连接段		
评价时间			

事故诱因

1 消力池、海漫、防冲槽、铺盖、护坡、护底、岸墙、翼墙等上下游连接段出现渗漏异常、接缝破损、止水失效、侧向渗流异常、防渗设施不完善等导致不均匀沉降、异常位移或闸室稳定运用；
2 工程超标准运用；
3 未按照相关规定定期开展工程检查、观测及水下检查；
4 工程设施破损维护不及时；
5 未按《水闸安全评价导则》及时开展定期安全鉴定

管控措施

1 编制应急预案并报有关部门批准，定期开展培训和应急演练；
2 根据《江苏省水闸技术管理办法》制定水闸控制运用方案，严格按控制运用要求执行；
3 按照规范要求开展工程检查，及时了解工程安全状况，等安全监测项目，及时开展垂直位移观测，河床断面、渗流观测和水下检查；
4 按规范要求开展维修养护，及时修复建筑物局部破损；
5 按规范要求及时进行安全鉴定

应急措施

1 当上下游连接段出现险情时，应及时组织消险，应及时组织消险，水下建筑物、护坡、岸、翼墙破损时应及时修补，当岸、翼墙渗漏时，可采取墙后减载，上游防水、下游排水等措施、堵塞、损坏应子疏通、修复、反滤层淤塞或重新补强排水设施，
2 当险情扩大、发生事故后应迅速启动重新应急预案，立即向相关部门汇报，紧急疏散危险区域人员；
3 出现人员伤亡时，根据伤情严重情况进行紧急救护，必要时拨打"120"电话，尽快就医

安全标志

分级管控			
	管理单位	基层站所	班组	岗位
责任单位				
责任人				
报告电话	基层站所值班电话： 管理单位值班电话：			

图 5.1.2 SZZD002

164

安全风险公告牌

危 险 源	工作闸门		事故类型	事故诱因
级　　别	重大危险源		1 淹溺 2 机械伤害	1 锈蚀、变形导致闸门无法启闭或启闭不到位，严重影响行洪泄流安全，增加淹没范围或无法正常蓄水、失稳、位移； 2 存在操作错误、监护失误、无证操作，防护缺陷等管理失误； 3 未按照相关规定定期开展检查； 4 闸门年久失修或者受到破坏，引起闸门失稳
风险等级	**重大风险**			
位　　置	闸室			
评价时间				
安全标志			管控措施	1 编制应急预案并报有关部门批准，定期开展培训和应急演练； 2 值班人员应严格按照流程及标准视巡检查； 3 运行、检修人员应持证上岗并严格执行操作规程； 4 闸门投入正常运行 5 年内，应进行首次安全检测与安全评价，首次安全检测与安全评价后，应每隔 5 年进行定期安全监测与评价； 5 按规范要求进行日常检查、定期检查、专项检查
分级管控	管理单位	基层站所	班组	岗位
责任单位				应急措施
责任人				1 发现设备缺陷或异常运行情况，应立即停止闸门运行，尽快组织检修排除故障； 2 当险情扩大，发生事故后应迅速启动相关应急预案，立即向相关部门汇报，紧急疏散危险区域人员； 3 出现人员伤亡时，根据伤情严重情况进行紧急救护，必要时拨打"120"电话，尽快就医
报告电话	基层站所值班电话： 管理单位值班电话：			

图 5.1.3　SZZD003

安全风险公告牌

危 险 源	启闭机	事故类型	事故诱因
级　别	重大危险源		1 启闭机无法正常运行导致闸门无法启闭或启闭不到位,严重影响行洪泄流安全,增加淹没范围或无法正常蓄水,失稳、位移; 2 行程开关故障导致闸门无法正常运行; 3 存在操作错误,监护失误,无证操作等管理失误,防护缺陷等管理失误; 4 未按照相关规定定期开展检查
风险等级	重大风险	1 触电 2 火灾 3 机械伤害	
位　置	启闭机房		
评价时间			

安全标志

当心火灾　当心触电　禁止烟火　禁止带火种　禁止入内　必须戴护目镜　必须接地　必须持证上岗　必须穿防护服

管控措施

1 编制应急预案并报有关部门批准,定期开展培训和应急演练;
2 值班人员应严格按照流程及标准巡视检查;
3 运行、检修人员应持证上岗并严格执行操作规程;
4 定期检查测量行程开关绝缘,设备不宜在过负荷工况下运行;
5 按规范要求进行日常检查、定期检查、专项检查

应急措施

1 发现设备缺陷或异常运行情况,应立即停止启闭机运行,尽快组织修复排除故障;
2 当情扩大,发生事故后应迅速启动相关应急预案,立即向相关部门汇报,紧急疏散危险区域人员;
3 出现火情时,及时使用消防器材灭火或拨打火警电话"119",出现人员伤亡时,根据伤情严重情况进行紧急救护,必要时拨打"120"电话,尽快就医

分级管控	管理单位	基层站所	班组	岗位
责任单位				
责任人				
报告电话	基层站所值班电话: 管理单位值班电话:			

图 5.1.4　SZZD004

安全风险公告牌

危　险　源	操作运行作业	事故类型	事故诱因
级　　别	重大危险源	1 物体打击	1 作业人员未持证上岗导致设备设施严重损（破）坏或人员伤害； 2 作业人员未进行上岗培训，未掌握设施设备的技术参数、运行要求和安全操作规程，作业人员违反操作规程导致设备设施严重损（破）坏； 3 运行前未按规定开展巡视检查； 4 作业人员违章指挥、违章操作，违反劳动纪律； 5 作业人员未正确使用防护用品
风险等级	重大风险	2 机械伤害	
位　　置	启闭机房配电室等	3 触电	
评价时间		4 淹溺	

安全标志		管控措施
⚠ 当心触电　⚠　必须戴安全帽　禁止入内　禁止触碰　必须戴安全帽　必须穿救生衣		1 作业人员应持证上岗； 2 作业人员应进行上岗培训，并应持证上岗，作业人员应熟练掌握设施设备的技术参数、运行要求和安全操作规程；作业期间严禁违章指挥、违章操作，违反劳动纪律，合理设置安全防护距离，严格执行两票三制； 3 运行期间按规定开展巡视检查； 4 按规定使用安全防护用品，安全防护用具应经常检查和定期试验，其检查试验的要求和周期应符合有关规定

分级管控				应急措施
责任单位	管理单位	基层站所	班组	1 当发生险情时，应及时切断电源停止作业，组织消险； 2 当险情扩大，应迅速启动相关应急预案，立即向相关部门汇报，紧急疏散危险区域人员； 3 出现人员伤亡时，根据伤情严重情况进行紧急救护，必要时拨打"120"电话，尽快就医
责任人			岗位	
报告电话	基层站所值班电话： 管理单位值班电话：			

图 5.1.5　SZZD005

安全风险公告牌

危 险 源		外部人员活动		事故类型	事故诱因
级 别		重大危险源		1 触电 2 机械伤害 3 淹溺 4 其它爆炸	1 外部人员未经许可触碰设备导致设施设备严重损(破)坏或人员伤害; 2 外部人员未经许可触碰机电设备引发触电事故或机械伤害; 3 外部人员忽视警告标志导致淹溺; 4 外部人员操作失误导致电气设备爆炸
风险等级		重大风险			
位 置		外部人员的活动区域			
评价时间					
安全标志					管控措施
当心溜水 当心触电 当心机械人 禁止攀登 禁止触电 禁止游泳 禁止烟火 禁止重打 必须戴生衣 必须戴安全帽 禁止戏水 禁止跳入机械 禁止跨越					1 外部人员未经许可禁止进入管理区; 2 外部人员必须在管理人员带领下进入管理区,进入运行现场应正确使用个人防护用品用具; 3 增设警告标志标牌,加强日常巡视; 4 外部人员进入运行现场不得随意触碰,操作设施设备
分级管控					应急措施
责任单位	管理单位	基层站所	班组	岗位	1 当外部人员误碰引起险情时,应及时切断电源停止设备组织消险; 2 当险情扩大,应迅速启动相关应急预案,立即向相关部门汇报,紧急疏散危险区域人员; 3 出现人员伤亡时,根据伤情严重情况进行紧急救护,必要时拨打"120"电话,尽快就医
责任人					
报告电话	基层站所值班电话: 管理单位值班电话:				

图 5.1.6 **SZZD006**

5.2 水利工程水闸运行一般危险源安全风险公告牌

水利工程水闸运行一般危险源分六个类别,分别为构(建)筑物类、金属结构类、设备设施类、作业活动类、管理类和环境类,各类的辨识与评价对象主要有:

构(建)筑物类:闸室段,上下游连接段,地基等。

金属结构类:闸门,启闭机械等。

设备设施类:电气设备,特种设备,管理设施等。

作业活动类:作业活动等。

管理类:管理体系,运行管理等。

环境类:自然环境,工作环境等。

水利工程水闸运行一般危险源安全风险公告牌见图例 SZYB001～SZYB007。

安全风险公告牌

危 险 源		交通桥、工作桥		事故类型		事故诱因
级　　别		一般危险源		1 车辆伤害 2 高处坠落		1 因车辆超载、超速、超高、超重、碰撞导致排架柱、桥体损坏； 2 未按要求在桥两端设立限载、限速标志、交通标志等； 3 未按照规范要求开展巡视检查； 4 未及时进行养护维修； 5 未按规定定期进行公路桥检测
风险等级		(低风险~重大风险)				
位　　置		交通桥、工作桥				
评价时间						

安全标志				管控措施
  当心落水　当心跌落　禁止翻越　禁止重物 				1 编制应急预案并报上级主管部门批准，定期开展培训和应急演练； 2 应商请相关部门在桥两端设立限载、限速标志、交通标志等； 3 按规范要求进行日常检查、定期检查、专项检查； 4 应经常养护、保持通畅、整洁、完好； 5 应定期请具有资质的单位对交通桥、公路桥进行检测

分级管控			应急措施
	管理单位	基层站所	班组	岗位		1 当交通桥、工作桥出现险情时，应立即组织消险； 2 当险情扩大，应迅速启动相关应急预案，立即向相关部门汇报，紧急疏散危险区域人员； 3 出现人员伤亡时，根据伤亡情严重情况进行紧急救护，必要时拨打"120"电话，尽快就医
责任单位				
责任人				
报告电话	基层站所值班电话： 管理单位值班电话：			

图 5.2.1　SZYB001

安全风险公告牌

危 险 源	启闭机房及控制室	事故类型	事故诱因
级　　别	一般危险源	1 触电 2 火灾 3 坍塌	1 因防水失效、暴雨等导致设备损坏; 2 工程超标准运用; 3 未按规范要求检查与设备评级; 4 未及时进行养护维修; 5 未定期进行安全鉴定
风险等级	(低风险~重大风险)		
位　　置	启闭机房及控制室		
评价时间			
安全标志			管控措施
			1 编制应急预案并报上级主管部门批准,应定期开展培训和应急演练; 2 水闸如须超标准运用,应制定运用方案、提出可行的运用方案和应急措施,报上级主管部门批准后执行; 3 按规范要求进行日常检查,定期检查、专项检查和设备评级; 4 按规范要求开展工程养护维修,及时修复建筑物局部破损; 5 按规范要求及时进行安全鉴定,并向上级主管部门汇报
			应急措施
			1 当启闭机房、控制室等建筑物出现险情时,应立即组织消险; 2 当险情扩大,应迅速启动相关应急预案,立即向相关部门汇报,紧急疏散危险区域人员; 3 出现人员伤亡时,根据伤情严重情况进行紧急救护,必要时拨打"120"电话,尽快就医
分级管控	管理单位	基层站所	班组	岗位
责任单位				
责任人				
报告电话	基层站所值班电话: 管理单位值班电话:			

图 5.2.2　SZYB002

安全风险公告牌

危险源	事故类型
危险源 闸门	**事故类型** 1 淹溺 2 机械伤害
级 别：一般危险源	
风险等级：（低风险~重大风险）	
位 置：闸室	
评价时间：	

事故诱因

1 锈蚀、变形导致闸门无法启闭或启闭不到位，严重影响行洪泄流安全，增加淹没范围或无法正常蓄水、失稳、位移；
2 存在操作错误，监护失误，无证操作，防护缺陷等管理失误；
3 未按照相关规定定期开展检查

安全标志

当心触电　当心机械伤人　禁止跳下　禁止入内　必须持证上岗　必须规范操作

管控措施

1 编制应急预案并报有关部门批准，定期开展培训和应急演练；
2 值班人员应严格按照流程及标准巡视检查；
3 运行、检修人员应持证上岗并严格执行操作规程；
4 闸门投入正常运行 5 年内，应进行首次安全检测与安全评价，首次安全检测与安全评价后，应每隔 5 年进行定期安全监测与评价；
5 按规范要求进行日常检查、定期检查、专项检查

分级管控

管理单位	基层站所	班组	岗位

应急措施

1 发现设备缺陷或异常运行情况，应立即停止闸门运行，尽快组织检修排除故障；
2 当险情扩大、发生事故后应迅速启动相关应急预案，立即向相关部门汇报，紧急疏散危险区域人员；
3 出现人员伤亡时，根据伤情严重情况进行紧急救护，必要时拨打"120"电话，尽快就医

责任单位：	
责任人：	
报告电话：	基层站所值班电话： 管理单位值班电话：

图 5.2.3 SZYB003

安全风险公告牌

危险源	卷扬式启闭机	事故类型
级别	一般危险源	1 触电 2 火灾 3 机械伤害
风险等级	（低风险~重大风险）	
位置	启闭机房	
评价时间		

事故诱因

1 启闭机磨损、锈蚀以及钢丝绳磨损、锈蚀，压板松动导致启闭机无法正常启闭或启闭不到位，有异响、失稳、位移，漏油渗油等，影响行洪泄流安全，增加淹没范围或无法正常蓄水、失稳、位移；
2 设备过负荷；
3 存在操作错误、监护失误，无证操作，防护缺陷等管理失误；
4 未按照相关规定定期开展检查

安全标志

管控措施

1 编制应急预案并报有关部门批准，定期开展培训和应急演练；
2 值班人员应严格按照流程及标准巡视检查；
3 运行、检修人员应严格执行操作规程；
4 启闭机不宜在过负荷的情况下运行；
5 按规范要求进行日常检查、定期检查、专项检查

应急措施

1 发现设备缺陷或异常运行情况，应立即停止闸门运行，尽快组织检修排除故障；
2 当险情扩大、发生事故后应迅速启动相关应急预案，立即向相关部门汇报，紧急疏散危险区域人员；
3 出现火情时，及时使用消防器材灭火或拨打火警电话"119"，出现人员伤亡时，根据伤情严重情况进行紧急救护，必要时拨打"120"电话，尽快就医

分级管控

责任单位	管理单位	基层站所	班组	岗位
责任人				

报告电话：基层站所值班电话：　管理单位值班电话：

图 5.2.4　SZYB004

安全风险公告牌

危险源	液压式启闭机	事故类型

级别	一般危险源
风险等级	（低风险～重大风险）
位置	启闭机房
评价时间	

事故类型

1 触电
2 火灾
3 机械伤害

事故诱因

1 启闭机磨损、锈蚀导致启闭机无法正常启闭或启闭启闭不到位，影响行洪泄流安全，增加淹没范围没法正常蓄水、失稳、位移；
2 设备过负荷；
3 存在操作错误，监护失误，无证操作，防护缺陷等管理失误；
4 未按照相关规定定期开展检查

管控措施

1 编制应急预案并报有关部门批准，定期开展培训和应急演练；
2 值班人员应严格按照流程及标准操作巡视检查；
3 运行、检修人员应严格执行操作规程；
4 启闭机不宜在过负荷的情况下运行；
5 按规范要求进行日常检查、定期检查、专项检查

应急措施

1 发现设备缺陷或异常运行情况，应立即停止闸门运行，尽快组织检修排除故障；
2 当险情扩大、发生事故后应迅速启动相关应急预案，立即向相关部门汇报，紧急疏散危险区域人员；
3 出现火情时，及时使用消防器材灭火或拨打火警电话"119"，出现人员伤亡时，根据伤情严重情况进行紧急救护，必要时拨打"120"电话，尽快就医

安全标志

当心火灾　噪声有害　当心触电　当心机械伤人　必须戴护目镜　必须正确　禁止烟火　禁止用水灭火　必须戴防毒面具　禁止吸烟　禁止入内

分级管控

责任单位	管理单位	基层站所	班组	岗位
责任人				
报告电话	基层站所值班电话： 管理单位值班电话：			

图 5.2.5　SZYB005

安全风险公告牌

危 险 源		螺杆式启闭机		事故类型		事故诱因
级　别		一般危险源		1 触电 2 火灾 3 机械伤害		1 磨损、锈蚀导致启闭机无法正常启闭或启闭闭不到位，影响行洪泄流安全，增加淹没范围或无法正常蓄水、失稳、位移； 2 设备过负荷； 3 存在操作错误，监护失误，无证操作，防护缺陷等管理失误； 4 未按照相关规定定期开展检查
风险等级		(低风险～重大风险)				
位　置		启闭机房				
评价时间						
安全标志				管控措施		
						1 编制应急预案并报有关部门批准，定期开展培训和应急演练； 2 运行期间值班人员应严格按照流程及标准视巡视检查； 3 运行、检修人员应持证上岗并严格执行操作规程； 4 启闭机不宜在过负荷的情况下运行； 5 按规范要求进行日常检查、定期检查、专项检查
分级管控				应急措施		
	管理单位	基层站所	班组	岗位		1 发现设备缺陷或异常运行情况，应立即停止闸门运行，尽快组织检修排除故障； 2 当险情扩大，发生事故后应迅速启动相关应急预案，立即向相关部门汇报，紧急疏散危险区域人员； 3 出现大情况，及时使用消防器材灭火或拨打火警电话"119"；出现人员伤亡时，根据伤情严重情况进行紧急救护，必要时拨打"120"电话，尽快就医
责任单位						
责任人						
报告电话	基层站所值班电话： 管理单位值班电话：					

图 5.2.6 SZYB006

175

安全风险公告牌

危 险 源	电动葫芦	事故类型	
级　别	一般危险源	1 触电 2 机械伤害 3 物体打击	
风险等级	(低风险～重大风险)		
位　置	启闭机房		
评价时间			

事故诱因

1 磨损、锈蚀导致电动葫芦无法正常工作,影响运行安全;
2 存在操作错误,监护失误,无证操作,防护缺陷等管理失误;
3 钢丝绳损坏,限位装置失效,电动葫芦脱轨等引起事故发生;
4 未按照相关规定定期开展检查

管控措施

1 编制应急预案并报有关部门批准,定期开展培训和应急演练;
2 值班人员应按照流程及标准巡视检查;
3 运行、检修人员应严格执行操作规程;
4 按规范要求进行日常检查、定期检查、专项检查

安全标志

当心触电　当心机械伤人　禁止入内　禁止烟火　必须戴防护手套　必须穿防护鞋　必须戴防护眼镜

应急措施

1 发现设备缺陷或异常运行情况,应立即停止设备运行,尽快组织检修排除故障;
2 当险情扩大,发生事故后应迅速启动相关应急预案,立即向相关部门汇报,紧急疏散危险区域人员;
3 出现人员伤亡时,根据伤情严重情况进行紧急急救护,必要时拨打"120"电话,尽快就医

分级管控

责任单位	管理单位	基层站所	班组	岗位
责任人				
报告电话	基层站所值班电话: 管理单位值班电话:			

图 5.2.7　SZYB007

6 水利工程水库运行危险源安全风险公告牌

6.1 水利工程水库运行重大危险源安全风险公告牌

水利工程水库运行重大危险源分六个类别,分别为构(建)筑物类、金属结构类、设备设施类、作业活动类、管理类和环境类,各类的辨识与评价对象主要有:

构(建)筑物类:挡水建筑物,泄水建筑物,输水建筑物,坝基等。

金属结构类:闸门,启闭机械等。

设备设施类:电气设备,特种设备等。

作业活动类:作业活动等。

管理类:运行管理等。

环境类:自然环境等。

水利工程水库运行重大危险源安全风险公告牌见图例 SKZD001~SKZD004。

安全风险公告牌

危险源	土石坝	事故类型	事故诱因
级别	重大危险源		1 因洪水、大风、防浪墙损坏、排水设施失效、坝坡滑动、白蚁活动、筑巢等导致漫顶、失稳、管涌、溃坝；
风险等级	重大风险	1 坍塌	2 水库遇到大洪水、大暴雨、有感地震、库水位骤变、高水位运行以及其它影响大坝安全运用的特殊情况；
位置	主坝	2 淹溺	3 未对建筑物开展安全监测、巡视检查、检查发现损坏未及时维护、发生坝坡滑动时，未进行病害调查与成因分析；
评价时间			4 未定期开展白蚁危害检查、防范工作；
			5 未及时开展安全鉴定

安全标志：当心落水　当心坠落　禁止游泳　禁止翻越　禁止垂钓　禁止戏水　必须穿救生衣

管控措施
1 编制应急预案并报有关部门批准，定期开展培训和应急演练；
2 当库区遇到大洪水、大暴雨、有感地震、库水位骤变、高水位运行以及其它影响大坝安全运用的特殊情况时，开展特别检查；
3 对工程进行检查、监测，及时分析研究，动态掌握工程状况，当发生坝坡滑动时，及时进行病害调查与成因分析，开展工程养护维修，消除工程缺陷和隐患，定期开展白蚁危害的检查工作，动态掌握工程状况；
4 按规范要求及时进行安全鉴定

应急措施
1 当土石坝出现险情时，应立即组织消险。当可能出现洪水位超过坝顶的情况时，应抢险在坝顶部位抢筑子堰，滑坡按照"上部削坡减载、下部固脚阻滑"的原则抢修；白蚁险情动应迅速采用诱杀法、烟熏法、挖巢法、灌浆法；
2 当险情扩大，应迅速启动相关应急预案，立即向相关部门汇报，紧急疏散危险区域人员；
3 根据伤情严重情况进行紧急救护，必要时拨打"120"电话，尽快就医

分级管控	管理单位	基层站所	班组	岗位
责任单位				
责任人				

报告电话：基层站所值班电话：
管理单位值班电话：

图 6.1.1　SKZD001

安全风险公告牌

危险源 级别	混凝土坝		事故类型	事故诱因
风险等级	重大危险源		1 坍塌	1 因混凝土或岩体应力过大、拱座变形或因坝身泄洪振动、孔口附近应力过大等导致结构破坏、失稳、溃坝； 2 水库遇到大洪水、大暴雨、有感地震、库水位骤变、高水位运行以及其它影响大坝安全运用的特殊情况； 3 未对建筑物开展安全监测、巡视检查； 4 当发生拱坝结构变形时，未进行病害调查与成因分析、拱座、坝身出现损坏，存在裂缝、变形等未及时维护； 5 未及时开展安全鉴定
	重大风险		2 淹溺	
位置	主坝			
评价时间				
安全标志				管控措施
(安全标志图标)				1 编制应急预案并报有关部门批准，定期开展培训和应急演练； 2 当库区遇到大洪水、大暴雨、有感地震、库水位骤变、高水位运行以及其它影响大坝安全运用的特殊情况时，开展特别检查； 3 对工程进行检查、监测，及时分析研究，动态掌握工程状况，开展工程养护维修，消除工程缺陷和隐患，当发生拱坝结构变形时，及时进行病害调查与成因分析； 4 按规范要求及时进行安全鉴定
分级管控				应急措施
	管理单位	基层站所	班组 / 岗位	1 当出现险情时，应立即组织消险，漏洞应按"前堵后排、堵排并举、抢早抢小，一气呵成"的原则抢修，管涌应按"反滤导渗、控制涌水、留有渗水出路"的原则抢修，塌坑可采用堵塞封堵法、导渗回填法等； 2 当险情扩大，应迅速启动相关应急预案，立即向相关管理部门汇报，紧急疏散危险区域、消险人员； 3 根据伤亡情况严重程度进行紧急救护，必要时拨打"120"电话，尽快就医
责任单位				
责任人				
报告电话	基层站所值班电话： 管理单位值班电话：			

图 6.1.2 SKZD002

安全风险公告牌

危险源	溢洪道、泄洪（隧）洞/输水（隧）洞（管）	事故类型	事故诱因
级　别	重大危险源	1 坍塌 2 淹溺	1 消能设施因水流冲击、冲刷、接缝破损、止水失效导致设施破坏、变形、结构破坏、失稳、溃坝； 2 水库遇到大洪水、大暴雨、有感地震、库水位骤变、高水位运行以及其它影响大坝安全运用的特殊情况； 3 未对建筑物开展安全监测、巡视检查； 4 溢洪道、泄洪道口存在行水障碍物未及时清理、设施损坏未及时维护、当发生渗漏、围岩掉块时，未进行病害调查与成因分析； 5 未及时开展安全鉴定
风险等级	重大风险		
位　置	泄（输）水建筑物		**管控措施**
评价时间			1 编制应急预案并报有关部门批准、定期开展培训和应急演练； 2 当库区遇到大洪水、大暴雨、有感地震、库水位骤变、高水位运行以及其它影响大坝安全运用的特殊情况时，开展特别检查； 3 对工程进行检查、监测，及时分析研究、动态掌握工程状况，开展工程养护维修、消除工程缺陷和隐患，及时清理溢洪道口行水障碍物，当发生渗漏、围岩掉块时，及时进行病害调查与成因分析； 4 按规范要求及时开展安全鉴定
			应急措施
	安全标志		1 当出现险情时，应立即组织消险，漏洞应按"前堵后排、堵排并举、抢早抢小、一气呵成"的原则抢修，管涌应按"反滤导渗、控制涌水、留有渗水出路"的原则抢修，塌坑可采用堵塞封堵法、导滤回填法等； 2 当险情扩大，应迅速启动相关应急预案，立即向相关部门汇报，紧急疏散危险区域人员； 3 根据伤情严重情况进行紧急救护，必要时拨打"120"电话，尽快就医

安全标志：当心落水　当心坠落　禁止翻越　禁止垂钓　禁止戏水　禁止驶入

分级管控	管理单位	基层站所	班组	岗位
责任单位				
责任人				
报告电话	基层站所值班电话： 管理单位值班电话：			

图 6.1.3　SKZD003

180

安全风险公告牌

危险源	泄洪、放水或冲沙		事故类型	事故诱因
级　别	重大危险源		1 淹溺 2 坍塌	1 因警示、预警工作不到位导致影响公共安全； 2 未按规定对挡水及泄水建筑物进行养护与维修； 3 未对运行人员进行上岗培训，未持证上岗； 4 运行人员不了解水电站的生产过程，未掌握本岗位运行、维护的技术要求，未遵守安全操作规程； 5 未设置安全警示标牌
风险等级	重大风险			
位　置	泄洪、放水或冲沙区域			
评价时间				
安全标志				管控措施
				1 泄水建筑物应保持泄水道通畅，泄水期间应及时打捞上游的漂浮物，木排及船只等不得靠近泄水建筑物进出口； 2 运行、维护人员应进行上岗培训，并应持证上岗，每年应至少开展一次运行操作员的运行安全规程理论或实际操作考试； 3 运行、维护人员应了解水库的生产过程，掌握本岗位运行、维护的技术要求，遵守安全操作规程； 4 按规范设置安全警示标牌
分级管控	管理单位	基层站所	班组	应急措施
责任单位				1 当发生险情时，应及时停止作业组织消险，出现人员落水，应及时正确使用救生用品，坍塌险情应按"护脚固基、缓流挑流"原则抢护； 2 当险情扩大，应迅速启动相关应急预案，立即向相关部门汇报、紧急疏散危险区域人员； 3 根据伤情严重情况进行紧急救护，必要时拨打"120"电话，尽快就医
责任人			岗位	
报告电话	基层站所值班电话： 管理单位值班电话：			

图 6.1.4 SKZD004

6.2 水利工程水库运行一般危险源安全风险公告牌

　　水利工程水库运行一般危险源分六个类别,分别为构(建)筑物类、金属结构类、设备设施类、作业活动类、管理类和环境类,各类的辨识与评价对象主要有:

　　构(建)筑物类:挡水建筑物,泄水建筑物,输水建筑物,过船建筑物,桥梁,坝基,近坝岸坡等。

　　金属结构类:闸门,启闭机械等。

　　设备设施类:电气设备,特种设备,管理设施等。

　　作业活动类:作业活动等。

　　管理类:管理体系,运行管理等。

　　环境类:自然环境,工作环境等。

　　水利工程水库运行一般危险源安全风险公告牌见图例 SKYB001～SKYB006。

安全风险公告牌

危 险 源	坝顶	事故类型	事故诱因
级　别	一般危险源		1 因车辆超载、超速、超高、碰撞导致坝顶路面损坏、防浪墙损坏、坝体结构变形或破坏，因排水设施失效、积水导致交通中断、车辆损坏； 2 水库遇到大洪水、大暴雨、有感地震、高水位运行以及其它影响大坝安全运用的特殊情况； 3 未设置安全、管理设施及路口安全标志并进行维护； 4 未对建筑物开展安全监测、巡视检查； 5 当路面损坏、防浪墙损坏、坝体结构变形或破坏、排水设施失效时，未及时修复
风险等级	（低风险～重大风险）	1 坍塌 2 淹溺	
位　置	主坝		
评价时间			

安全标志	管控措施
	1 组建抢险队伍，落实防汛责任制，编制防汛抢险预案，开展抢险演练和培训； 2 当库区遇到大洪水、大暴雨、有感地震、库水位骤变、高水位运行以及其它影响大坝安全运用的特殊情况时，开展特别检查； 3 设置限载、限速、限高、限宽、限行等安全、管理设施及安全标志； 4 对工程进行检查、监测，及时分析研究、动态掌握工程状况； 5 开展工程养护维修，及时维修损坏的路面、坝体结构变形或破坏，排水设施失效、挡很高等

应急措施
1 当发生车辆行驶事故时，未造成人身伤亡，立即组织人员检查坝顶道路受损情况，对排查出的问题及时消除隐患、坝顶泥泞等及时关闭护路栏(拦车卡)，排除积水、硬化坝顶及时修复及时排除积水，及时修复失效的排水设施； 2 当险情扩大，应迅速启动相关应急预案，立即向相关部门汇报，紧急疏散危险区域人员； 3 当出现人员伤亡时，根据伤情严重情况进行紧急救护，必要时拨打"120"电话、紧急疏散危险时拨打"120"电话、尽快就医

	分级管控	管理单位	基层站所	班组	岗位
责任单位					
责任人					
报告电话	基层站所值班电话： 管理单位值班电话：				

图 6.2.1 SKYB001

安全风险公告牌

危险源		坝体	事故类型	
级　别		一般危险源	1 坍塌	
风险等级		（低风险～重大风险）	2 淹溺	
位　置		主坝		
评价时间				

事故诱因

1 坝体、内部廊道因接缝破损、止水失效、排水设施失效导致沉降、结构破坏、设备损坏；
2 水库遇到大洪水、大暴雨、有感地震、库水位骤变、高水位运行以及其它影响大坝安全运用的特殊情况；
3 未对建筑物开展安全监测、巡视检查；
4 接缝破损、止水失效等未及时维护

管控措施

1 组建抢险队伍、落实防汛责任制、编制防汛抢险预案、开展抢险演练和培训；
2 当库区遇到大洪水、大暴雨、有感地震、库水位骤变、高水位运行以及其它影响大坝安全运用的特殊情况时，开展特别检查；
3 对工程进行检查、监测，及时分析研究，动态掌握工程状况；
4 开展工程养护维修、消除工程缺陷和隐患

应急措施

1 当坝体出现险情时，应立即组织消险，漏洞应按"前堵后排、堵排并举、抢早抢小，一气呵成"的原则抢护，管涌应按"反滤导渗、控制涌水、留有渗水出路"的原则抢修；
2 当险情扩大，应迅速启动相关应急预案，立即向相关部门汇报，紧急疏散危险区域人员；
3 根据伤情严重情况进行紧急救护，必要时拨打"120"电话，尽快就医

安全标志

责任单位		管理单位	基层站所	班组	岗位
责任人					
报告电话		基层站所值班电话： 管理单位值班电话：			

图 6.2.2 SKYB002

安全风险公告牌

危险源	坝坡	事故类型	事故诱因
级　别	一般危险源		1 坡面因滑坡、裂缝，结构破损导致结构破坏，坝坡侵蚀失稳； 2 水库遇到大洪水、大暴雨，有感地震，库水位骤变、高水位运行以及其它影响大坝安全运用的特殊情况； 3 未对建筑物开展安全监测、巡视检查； 4 存在滑坡、裂缝、护坡损坏等未及时维护
风险等级	（低风险~重大风险）	1 坍塌 2 淹溺	
位　置	坝坡		
评价时间			

		管控措施
安全标志		1 组建抢险队伍，落实防汛责任制，编制防汛抢险预案，开展抢险演练和培训； 2 当库区遇到大洪水、大暴雨，有感地震，库水位骤变、高水位运行以及其它影响大坝安全运用的特殊情况时，开展特别检查； 3 对工程进行检查、监测，及时分析研究，动态掌握工程状况； 4 开展工程养护维修，消除工程缺陷和隐患

			应急措施
分级管控		岗位	1 当坝坡出现险情时，应立即组织消险，滑坡按照"上部削坡减载、下部固脚阻滑"的原则及时抢修，阻止滑坡的发展； 2 当险情扩大，应迅速启动相关应急预案，立即向相关部门汇报，紧急疏散危险区域人员； 3 根据伤情严重情况进行紧急救护，必要时拨打"120"电话，尽快就医
		班组	
责任单位	管理单位	基层站所	
责任人			
报告电话	基层站所值班电话： 管理单位值班电话：		

图 6.2.3　SKYB003

185

安全风险公告牌

危险源别	坝肩		事故类型	
级 别	一般危险源		1 坍塌	
风险等级	（低风险～重大风险）		2 淹溺	
位 置	坝肩			
评价时间				

事故诱因

1 因排水设施失效导致位移、变形；
2 水库遇到大洪水、大暴雨、有感地震、库水位骤变、高水位运行以及其它影响大坝安全运用的特殊情况；
3 未对建筑物开展安全监测、巡视检查；
4 排水设施失效未及时维护

安全标志

管控措施

1 组建抢险队伍，落实防汛责任制，编制防汛抢险预案，开展抢险演练和培训；
2 当库区遇到大洪水、大暴雨、有感地震、库水位骤变、高水位运行以及其它影响大坝安全运用的特殊情况时，开展特别检查；
3 对工程进行检查、监测，及时分析研究，动态掌握工程状况；
4 开展工程养护维修，消除工程缺陷和隐患

分级管控	管理单位	基层站所	班组	岗位
责任单位				
责任人				
报告电话	基层站所值班电话： 管理单位值班电话：			

应急措施

1 当坝肩出现险情时，应立即组织消险，排水设施失效采取取清理淤泥、杂物等，疏通排水系统，更换破损排水管；
2 当险情扩大，应迅速启动相关应急预案，立即向相关部门汇报，紧急疏散危险区域人员；
3 根据伤情严重情况进行紧急救护，必要时拨打"120"电话，尽快就医

图 6.2.4 SKYB004

安全风险公告牌

危险源		事故类型	事故诱因
级别	一般危险源		1 因船只碰撞、物品掉落导致建筑物结构损坏、船体损坏、航道堵塞、环境污染； 2 未对建筑物开展安全监测、巡视检查； 3 未设置限宽、限速、限行、助航、禁航等标志标牌； 4 进停船舶未流散、河道漂浮物未清理、阻得通航、危险品船舶未设置专用停泊点、未单独放行； 5 建筑物损坏未及时维护
风险等级	（低风险～重大风险）	1 坍塌	
位置	过船建筑物	2 淹溺	
评价时间			

安全标志		管控措施
（安全标志图标：当心触电、禁止游泳、禁止垂钓、禁止泳水、必须穿救生衣、40、3.5m、3m 等）		1 对工程进行检查、监测，及时分析研究、动态掌握工程状况； 2 设置限宽、限速、限行、助航、禁航等标志标牌； 3 联合海事、水政部门疏散违停船舶、清理河道漂浮物； 4 危险品船舶设置专用停靠点、单独提档过船； 5 开展工程养护维修、消除工程缺陷和隐患

分级管控				应急措施
	岗位	班组	基层站所	1 当发生船舶碰撞事故，未造成人身伤亡，对排查出的问题，及时组织消险，进行检验分析；当发生污染事故时，立即组织人员检查建筑物受损情况，控制污染扩散，采集受污染水域及邻近水域的水样，应急启动相关应急预案，立即向相关部门汇报，紧急疏散危险区域人员；
责任单位			管理单位	2 当险情扩大，应迅速启动相关应急预案，立即向相关部门汇报，紧急疏散危险区域人员；
责任人				3 根据伤情严重情况进行紧急救护，必要时拨打"120"电话，尽快就医
报告电话	基层站所值班电话： 管理单位值班电话：			

图 6.2.5 SKYB005

安全风险公告牌

危 险 源	近坝岸坡	事故类型	事故诱因
级　别	一般危险源	1 坍塌 2 淹溺	1 因不良地质、排水设施失效、水流冲刷导致岸坡损坏、变形、失稳、坍塌； 2 水库遇到大洪水、大暴雨、有感地震、库水位骤变、高水位运行以及其它影响大坝安全运用的特殊情况； 3 未对建筑物开展安全监测、巡视检查； 4 不均匀沉陷、滑坡、塌坑、排水设施失效未及时维护
风险等级	（低风险～重大风险）		
位　置	近坝岸坡		
评价时间			

安全标志	管控措施
注意安全　当心跌落　当心落水　禁止游泳　禁止翻越　禁止垂钓　禁止戏水　必须持证操作　严禁进入24小时视频监控区域　必须穿救生衣	1 组建抢险队伍，落实防汛责任制，编制防汛抢险预案，开展抢险演练和培训； 2 当库区遇到大洪水、大暴雨、有感地震、库水位骤变、高水位运行以及其它影响大坝安全运用的特殊情况时，开展特别检查； 3 对工程进行检查、监测，及时分析研究、动态掌握工程状况； 4 开展工程养护维修，消除工程缺陷和隐患

分级管控	管理单位	基层站所	班组	岗位	应急措施
责任单位					1 当近坝岸坡出现险情时，应立即组织消险，漏洞应按"前堵后排、堵排并举、抢早抢小、一气呵成"的原则抢修，管涌应按"反滤导渗、控制涌水、留有渗水出路"的原则抢修，塌坑可采用堵塞封堵法、导渗回填法等，滑坡按照"上部削坡减载、下部固脚阻滑"的原则及时抢修； 2 当险情扩大，应迅速启动相关应急预案，立即向相关部门汇报，紧急疏散危险区域人员； 3 根据伤情严重情况进行紧急救护，必要时拨打"120"电话，尽快就医
责任人					
报告电话	基层站所值班电话： 管理单位值班电话：				

图 6.2.6　SKYB006

7 水利工程堤防运行危险源安全风险公告牌

7.1 水利工程堤防运行重大危险源安全风险公告牌

水利工程堤防运行重大危险源分两大类,分别为构(建)筑物类、环境类。

构(建)筑物类(堤防):堤身,堤基,穿〈跨、临〉堤建筑物与堤防接合部等。

环境类:自然环境。

水利工程堤防运行重大危险源安全风险公告牌见图例 DFZD001～DFZD003。

安全风险公告牌

危险源 级别	新建/多年不挡水堤段	事故类型	事故诱因
级 别	重大危险源		1 因堤身坡脚受冲刷或堤岸垫层淘刷，防渗设施保护层破损，止水失效，堤段水位发生骤涨骤降等引起管涌，流土或溃堤； 2 汛期洪水漫滩，偎堤，超过警戒水位运用，或发生大洪水，大暴雨，台风，地震等工程非正常运用情况； 3 未按照《堤防工程安全监测技术规程》规范要求开展安全监测，巡视检查； 4 当工程发生堤身坡脚受冲刷或堤岸垫层淘刷，防渗设施保护层破损，止水失效等隐患时，未按《堤防工程养护修理规程》要求修复； 5 工程验收遗留问题未按规范处理完毕，未按规范要求开展安全评价
风险等级	重大风险	1 坍塌 2 淹溺	
位 置	堤身或堤基		
评价时间			

安全标志	管控措施
（安全标志图标）	1 组建抢险队伍，落实防汛责任制，编制防汛抢险预案，开展抢险演练和培训； 2 当汛期洪水漫滩，偎堤或超过警戒水位时，对工程开展巡视检查，当发生大洪水，大暴雨，台风，地震等非正常运用和发生重大事故时，应及时进行特别检查； 3 按照规范要求定期开展巡视检查，专项监测和常规监测，了解工程安全状况； 4 对堤防工程巡视检查中发现的问题，查明原因，做好记录，按规范要求及时采取必要措施，对问题较严重的应报上级主管部门，并应通过堤防隐患探测，钻探检查等手段进一步查明原因； 5 按规范要求进行安全评价

分级管控					应急措施
	管理单位	基层站所	班组	岗位	1 当发生管涌，流土，溃堤等危及河道，堤防工程安全的各种险情时，应立即组织消险，管涌（流土）险情应按"导水抑沙"原则抢护，坍塌险情应按"护脚固基，缓流挑流"原则抢护； 2 当险情扩大，应迅速启动相关应急预案，立即向相关部门汇报，紧急疏散危险区域人员； 3 出现人员伤亡时，根据伤情严重情况进行紧急救护，必要时拨打"120"电话，尽快就医
责任单位					
责任人					
报告电话	基层站所值班电话： 管理单位值班电话：				

图 7.1.1 DFZD001

安全风险公告牌

危 险 源	曾出现决口、管涌、流土/已崩塌堤段		事故诱因
级 别	重大危险源	事故类型	1 因堤身坡脚受冲刷或堤岸垫层淘刷，防渗设施保护层破损，止水失效，堤段水位发生骤涨骤降等引起管涌、流土或溃堤； 2 汛期洪水漫滩、溃堤，超过警戒水位运用，或发生大洪水、大暴雨、台风、地震等工程非正常运用情况； 3 未按照规范要求开展安全监测、巡视检查，未按要求对重点险工隐患段段设置视频监视设施； 4 当工程发生堤身坡脚冲刷或堤岸垫层淘刷，防渗设施保护层破损，止水失效等隐患时，未按要求修复； 5 未按《堤防工程安全评价导则》开展安全评价
风险等级	重大风险	1 坍塌 2 淹溺	
位 置	堤身或堤基		
评价时间			
安全标志			管控措施
			1 组建抢险队伍，落实防汛责任制，编制防汛抢险预案，开展抢险演练和培训； 2 当汛期洪水漫滩、溃堤或超过警戒水位时，对工程开展巡视检查，当发生大洪水、大暴雨、台风、地震等工程非正常运用和发生重大事故时，应及时进行特别检查； 3 按照规范要求定期开展巡视检查、专项监测和常规监测，了解工程安全状况； 4 对堤防工程巡视检查中发现的问题的应报上级主管部门，查明原因，做好记录，按规范要求及时采取必要措施，对问题较严重的应报上级主管部门，并应通过堤防隐患探测、钻探检查等手段进一步查明原因； 5 按规范要求进行安全评价
分级管控			应急措施
责任单位	管理单位 / 基层站所 / 班组 / 岗位		1 当发生管涌、流土、溃堤等危及河道、堤防工程安全的各种险情时，应立即组织消险，管涌（流土）险情应按"导水抑沙"原则抢护、滑坡险情应按"减载加阻"原则抢护、坍塌险情应按"护脚固基"原则抢护； 2 当险情扩大，应迅速启动相关应急预案，缓流挑流，立即向相关部门汇报，紧急疏散危险区域人员； 3 出现人员伤亡时，根据伤情严重情况进行紧急救护，必要时拨打"120"电话，尽快就医
责任人			
报告电话	基层站所值班电话： 管理单位值班电话：		

图 7.1.2 DFZD002

安全风险公告牌

危险源	穿堤建筑物与堤身结合部	事故类型
级别	重大危险源	1 坍塌
风险等级	重大风险	2 淹溺
位置	穿堤建筑物与堤身结合部	
评价时间		

事故诱因

1 因结合部位变形、接触冲刷等引起失稳或溃堤；
2 穿堤建筑物在堤防设计洪水位以下穿越堤防；
3 未按照《堤防工程安全监测技术规范》要求开展安全监测、巡视检查；
4 当穿堤建筑物与堤身结合部变形、接触冲刷时，未按《堤防工程养护修理规程》要求修复；
5 未按《堤防工程安全评价导则》开展安全评价

管控措施

1 组建抢险队伍，落实防汛责任制，编制防汛抢险预案，开展抢险演练和培训；
2 当汛期洪水漫滩、偎堤或超过警戒水位时，对工程开展巡视检查，当发生大洪水、大暴雨、台风、地震等工程非常运用和发生重大事故时，应及时进行特别检查；
3 按照规范要求定期开展巡视检查、专项监测和常规监测，了解工程安全状况；
4 对堤防工程巡视检查中发现的问题，查明原因，做好记录，按规范要求及时采取必要措施，对问题较严重的应报上级主管部门，并应通过堤防隐患探测、钻探检查等手段进一步查明原因；
5 按规范要求进行安全评价

应急措施

1 当结合部因变形、冲刷出现失稳、溃堤等危及河道、堤防工程安全的各种险情时，应立即组织抢险，滑坡险情应按"减载加阻"原则抢护，坍塌险情应按"护脚固基、缓流挑流"原则抢护；
2 当险情扩大，应迅速启动相关应急预案，立即向相关部门汇报，紧急疏散危险区域人员；
3 出现人员伤亡时，应根据伤情严重情况进行紧急救护，必要时拨打"120"电话，尽快就医

安全标志

当心落水　当心坠落　禁止游泳　禁止翻越　禁止重的　必须穿着救生衣

分级管控

	岗位	班组	基层站所	管理单位
责任单位				
责任人				
报告电话	基层站所值班电话： 管理单位值班电话：			

图 7.1.3　DFZD003

7.2　水利工程堤防运行一般危险源安全风险公告牌

水利工程堤防运行一般危险源分五个类别,分别为构(建)筑物类、设备设施类、作业活动类、管理类和环境类。

构(建)筑物类:堤身,堤基,护堤地,堤岸防护,防渗及排水设施,穿〈跨、临〉堤建筑物与堤防接合部等。

设备设施类(堤防):防汛抢险设施,生物防护工程,管理设施等。

作业活动类:作业活动等。

管理类:管理体系,运行管理等。

环境类:工作环境,自然环境等。

水利工程堤防运行一般危险源安全风险公告牌见图例 DFYB001~DFYB007。

安全风险公告牌

危险源	级别	一般危险源	提顶
	风险等级	（低风险～重大风险）	
	位置	堤顶	
	评价时间		

事故类型

1 车辆伤害
2 火灾
3 坍塌

事故诱因

1 因车辆超载、超速、超高、碰撞、堤顶排水设施失效、积水导致路面损坏、挡浪墙损坏、堤防结构变形、破坏或交通中断、车辆损坏、堤坡冲沟；
2 未按要求在堤顶交通道路上设置安全、管理设施及路口安全标志；
3 未按照《堤防工程安全监测技术规程》规范要求开展安全监测、巡视检查；
4 未按规范对堤顶、道路进行养护修理；
5 当堤顶路面损坏、挡浪墙损坏、堤防结构变形、破坏或堤顶排水设施失效、积水时，未按《堤防工程养护修理规程》要求修复

管控措施

1 组建抢险队伍，落实防汛责任制，编制防汛抢险预案，开展抢险演练和培训；
2 在堤顶道路设置限载、限速、限高、限宽、限行等安全、管理设施及安全标志；
3 按照规范要求定期开展巡视检查、专项监测和常规监测，了解工程安全状况；
5 当堤顶、路面损坏、挡浪墙损坏、堤防结构变形或破坏时按原结构与相应施工方法及时修理

安全标志

（当心落水、当心路滑、10t、40、3.5m 等标志）

应急措施

1 当堤顶道路发生车辆行驶事故，引起交通中断、车辆损坏、堤坡冲沟时，堤坝损坏，应立即组织消除险情，未造成人身伤亡的，立即组织人员检查堤顶道路受损情况，对排查出的问题及时消除隐患；
2 当险情扩大，应迅速启动相关应急预案，立即向相关部门汇报，紧急疏散危险区域人员；
3 当出现人员伤亡时，根据伤情严重情况进行紧急救护，必要时拨打"120"电话，尽快就医

分级管控

	管理单位	基层站所	班组	岗位
责任单位				
责任人				

报告电话：基层站所值班电话：
管理单位值班电话：

图 7.2.1　DFYB001

安全风险公告牌

危 险 源	级　别	堤坡	事故类型	事故诱因
		一般危险源		1 因堤身坡脚受冲刷或堤岸垫层淘刷、堤身遭遇迎流顶冲、堤坡浸润线抬升，水位骤降等引起滑坡、崩岸等或失稳；
	风险等级	（低风险～重大风险）	1 坍塌 2 淹溺	2 汛期洪水漫滩、很堤，超过警戒水位运用，或发生大洪水、大暴雨、台风、地震等工程非常运用情况；
	位　置	堤坡		3 未按照《堤防工程安全监测技术规范》规定要求开展安全监测、巡视检查；
	评价时间			4 当工程发生堤身坡脚淘刷、堤岸垫层淘刷、堤坡浸润线或遭遇顶冲、浸润线抬升，水位骤降时，未按《堤防工程养护修理规程》要求及时修复

安全标志	管控措施
⚠ 当心落水　⚠ 当心坠落　🚫 禁止攀爬　🚫 禁止游泳　🚫 禁止垂钓　🦺 必须穿救生衣 〔24小时值班电话标志〕	1 组建抢险队伍，落实防汛责任制，编制防汛抢险预案，开展抢险演练和培训； 2 当汛期洪水漫滩、很堤或超过警戒水位时，对工程开展巡视检查，当发生大洪水、大暴雨、台风、地震等工程非常运用和发生重大事故时，应及时进行特别检查； 3 按照规范要求定期开展巡视检查、专项监测和常规监测，了解工程安全状况； 4 按规定对堤坡进行养护，出现损坏时按要求修复

分级管控	责任单位	管理单位	基层站所	班组	岗位	应急措施
	责任人					1 当发生滑坡、崩岸、失稳等危及河道、堤防工程安全的各种险情时，应立即组织消险，滑坡险情应按"减载加固"原则抢护，坍塌险情应按"护脚固基、缓流挑流"原则抢护； 2 当险情扩大，应迅速启动相关应急预案，立即向相关部门汇报，紧急疏散危险区域人员； 3 出现人员伤亡时，根据伤情严重情况进行紧急救护，必要时拨打"120"电话，尽快就医
	报告电话	基层站所值班电话： 管理单位值班电话：				

图 7.2.2　DFYB002

安全风险公告牌

危险源	堤岸防护	事故类型
级别	一般危险源	1 坍塌
风险等级	（低风险～重大风险）	2 淹溺
位置	堤岸	
评价时间		

事故诱因

1 护堤地因取土等引起失稳、滑坡、管涌或流土，护坡、护岸因水流冲刷，沉降变形，侵蚀剥落，渗透破坏，高秆作物引起脱坡，开裂，坍塌，护脚因水流冲刷、涡旋、人为破坏引起变形，护坡、护岸、护脚崩岸进行养护；
2 未按要求对护堤地、护坡、护岸、护脚进行养护；
3 未按照《堤防工程安全监测技术规范》规范要求开展安全监测、巡视检查；
4 当护堤地、护坡、护岸、护脚出现变形、失稳、滑坡等问题，未按《堤防工程养护修理规程》要求修复

管控措施

1 组建抢险队伍，落实防汛责任制，编制防汛抢险预案，开展抢险演练和培训；
2 护堤地的养护应做到边界明确，地面平整，无杂物；
3 及时修复护坡、护岸的残缺或损坏，恢复护坡，符合原设计要求；
4 护坡保持平顺，砌块完好，砌石紧密，无杂草杂物，保持坡面整洁完好；
5 按照规范要求定期开展巡视检查，专项监测和常规监测，了解工程安全状况；
6 界埂出现残缺应及时修复，界沟堵基应及时整及坡度平顺，有巡查便道的，应保持畅通；
7 护脚石应排砌紧密，护脚平台应保持平整及坡度平顺，无明显凹凸现象；
8 当护脚受到风暴潮冲刷或人为破坏，应按原设计要求补设

应急措施

1 当发生失稳、滑坡、管涌或流土等危及河道、堤防工程安全的各种险情时，应立即组织消险，管涌（流土）险情应按"导水抑沙"原则抢护，滑坡险情应按"减载加阻"原则抢护，坍塌险情应按"护脚固基，缓流挑流"原则抢护；
2 当险情扩大，应迅速启动相关应急预案，立即向相关部门汇报，紧急疏散危险区域人员；
3 出现人员伤亡时，根据伤病情严重情况进行紧急救护，必要时拨打"120"电话，尽快就医

安全标志

分级管控

责任单位	管理单位	基层站所	班组	岗位
责任人				

报告电话：基层站所值班电话：
管理单位值班电话：

图 7.2.3　DFYB003

安全风险公告牌

危险源	防渗、排水设施	事故类型
级别	一般危险源	1 坍塌 2 淹溺
风险等级	（低风险～重大风险）	
位置	堤身	
评价时间		

事故诱因

1 因防渗失效，浸润线抬升引起管涌，流土、散浸或滑坡，因排水设施失效，浸润线抬升，淤积引起滑坡或失稳，管涌，沉降，接触冲刷，细颗粒流失引起塌陷，沉降，管涌或流土；
2 未按要求对防渗及排水设施进行养护；
3 未按照《堤防工程安全监测技术规范》要求开展安全监测，巡视检查；
4 当防渗及排水设施失效时，未按《堤防工程养护修理规程》要求修复；
5 当堤基防渗设施不完善，接触冲刷，细颗粒流失时，未按要求修复

管控措施

1 组建抢险队伍，落实防汛责任制，编制防汛抢险预案，开展抢险演练和培训；
2 防渗设施保护层应保持完好无损，应更换防渗体断裂，损坏，失效部分；
3 按要求修复排水设施进口处的孔洞暗沟，出口处的冲沟悬空，清除排水沟内的淤积，杂物及冰塞，确保排水体系畅通；
4 按照规范要求定期开展巡视检查，专项监测和常规监测，了解工程安全状况；
5 当防渗体的保护层发生损坏，应采用与原设计要求相同的材料修理；
6 当排水导渗体或滤体发生损坏或堵塞，应将损坏或堵塞部分拆除，按原有结构修复

应急措施

1 当发生管涌、流土、散浸、滑坡等危及河道，堤身工程安全的各种险情时，应立即组织消险，管涌（流土）险情应按"导水抑沙"原则抢护，滑坡险情应按"减载加阻"原则抢险，坍塌险情应按"护脚固基，缓流挑流"原则抢流；
2 当险情扩大，应迅速启动相关应急预案，立即向相关部门汇报，紧急疏散危险区域人员；
3 出现人员伤亡时，根据伤情严重情况进行紧急救护，必要时拨打"120"电话，尽快就医

安全标志

分级管控

责任单位	管理单位	基层站所	班组	岗位

责任人

报告电话：
基层站所值班电话：
管理单位值班电话：

图 7.2.4　DFYB004

197

安全风险公告牌

危险源	级 别	防汛抢险照明设施	事故类型		事故诱因
	级 别	一般危险源	1 火灾 2 触电		1 因防汛抢险照明设施损坏影响夜间防汛抢险; 2 未按照《堤防工程养护修理规程》规范要求开展经常检查、定期检查、特别检查; 3 未按照《堤防工程养护修理规程》规范要求进行日常保养及防护、及时处理缺陷; 4 设备设施发生损坏时,未及时进行修理
	风险等级	(低风险～一般风险)			
	位 置	管理范围内			
	评价时间				
	安全标志				管控措施
					1 编制应急预案并报有关部门批准,定期开展培训和应急演练; 2 按照规范要求定期开展经常检查、定期检查、特别检查,了解工程安全状况; 3 按照规范要求进行日常保养及防护、及时处理缺陷; 4 设备设施发生损坏,应及时修理
					应急措施
	分级管控				1 应立即组织人员对防汛抢险照明设施进行抢修; 2 当险情扩大,发生事故后应迅速启动现场处置方案,立即向相关部门汇报,紧急疏散危险区域人员; 3 出现火情时,及时使用消防器材灭火或拨打火警电话"119",出现人员伤亡时,根据伤情严重情况进行紧急救护,必要时拨打"120"电话,尽快就医
责任单位	管理单位	基层站所	班组	岗位	
责任人					
报告电话	基层站所值班电话: 管理单位值班电话:				

图 7.2.5 DFYB005

安全风险公告牌

危 险 源	防浪林、防护林			事故类型
级　别	一般危险源			1 坍塌 2 淹溺 3 火灾
风险等级	（低风险～一般风险）			
位　置	管理范围内			
评价时间				

事故诱因

1 因防浪林、防护林树木枯萎、人为破坏，病虫害导致冲刷、堤顶越浪、火灾；
2 未按照《堤防工程养护修理规程》规范要求开展经常检查、定期检查、特别检查；
3 未按照《堤防工程养护修理规程》规范要求进行日常保养及防护，及时处理缺陷；
4 未防止和及时制止危害防浪林、防护林的人、畜破坏行为；
5 未设有专门的养护人员，实施有效管理

安全标志

注意安全　当心火灾　禁止吸烟　禁止烟火　必须戴防护手套　必须穿防护衣

管控措施

1 组建抢险队伍，落实防汛责任制，编制防汛抢险预案，开展抢险演练和培训；
2 按照规范要求定期开展经常检查、特别检查，了解工程安全状况。
3 按照规范要求进行日常保养及防护，及时处理缺陷；
4 未防止和及时制止危害防浪林、防护林的人、畜破坏行为；
5 应设有专门的养护人员，实施有效管理

应急措施

1 当发生冲刷、堤顶越浪时，应立即组织消险；
2 当险情扩大，应迅速启动相应应急预案，立即向相关部门汇报，紧急疏散危险区域人员；
3 出现火情时，及时使用消防器材灭火或拨打火警电话"119"，出现人员伤亡时，根据伤亡情严重情况进行紧急救护，必要时拨打"120"电话，尽快就医

分级管控	管理单位	基层站所	班组	岗位
责任单位				
责任人				
报告电话	基层站所值班电话： 管理单位值班电话：			

图7.2.6　DFYB006

安全风险公告牌

危险源	级别	草皮护坡	事故类型	事故诱因
级别		一般危险源	1 坍塌 2 淹溺	1 因草皮护坡枯萎、人为破坏、病虫害等致冲刷、坍塌； 2 未按照《堤防工程养护修理规程》规范要求开展经常检查、定期检查、特别检查； 3 未按照《堤防工程养护修理规程》规范要求进行日常保养及防护，及时处理缺陷； 4 未防止和及时制止危害草皮护坡的人、畜破坏行为； 5 未设有专门的养护人员，实施有效管理
风险等级		（低风险～一般风险）		
位置		上下游护坡		
评价时间				

安全标志		管控措施
注意安全 当心溺水 禁止吸烟 禁止烟火 必须戴防护手套 必须穿救生衣		1 组建抢险队伍，落实防汛责任制，编制防汛抢险预案，开展抢险演练和培训； 2 按照规范要求定期开展经常检查、定期检查、特别检查，了解工程安全状况； 3 按照规范要求进行日常保养及防护，及时处理缺陷； 4 未防止和及时制止危害草皮护坡破坏行为，实施有效管理 5 应设有专门的养护人员，实施有效管理

分级管控				应急措施
				1 当发生冲刷、坍塌时，应立即组织消险； 2 当险情扩大，应迅速启动相关应急预案，立即向相关部门汇报，紧急疏散危险区域人员； 3 出现人员伤亡时，根据伤情严重情况进行紧急救护，必要时拨打"120"电话，尽快就医

责任单位	管理单位	基层站所	班组	岗位
责任人				
报告电话	基层站所值班电话： 管理单位值班电话：			

图 7.2.7 DFYB007

8 水利工程常见岗位风险告知卡

　　岗位风险告知卡,是用于告知员工其工作岗位所涉及的安全、健康、劳动保护等风险信息的一种卡片或文件;有利于保障员工的安全和健康,让员工更好地了解自己的岗位风险,从而采取有效的安全措施,自我保护。

　　水利工程常见岗位风险告知卡主要包含施工类和运行类。

8.1 水利工程施工常见岗位风险告知卡

岗位风险告知卡

岗位名称	起重操作工		
本岗位涉及的危险源	1 金属结构安装	风险等级	一般风险
	2 大型施工机械的安装、运行及拆卸		较大风险
	3 起重机械设备自身的安装拆卸作业		重大风险
事故类型	高处坠落　起重伤害　触电		
事故诱因	1 未开展经常性维护保养、自行检查和定期检验导致设备严重损坏； 2 作业人员违章指挥、违章操作、违反劳动纪律； 3 作业人员未正确使用防护用品； 4 作业人员未持证上岗，未严格执行安全操作规程；未执行"十不吊"要求； 5 未设置作业警戒区域，无安全标志，无专人监护； 6 未制定落实应急预案，未组织培训和演练		
安全操作要点及风险防范	1 做好起重机械经常性维护保养、自行检查和定期检验； 2 严禁违章指挥、违章操作、违反劳动纪律； 3 按规定使用安全防护用品； 4 作业人员应岗前培训，并应持证上岗，起重作业严格执行"十不吊"； 5 设置作业警戒区域，悬挂安全标志，明确专人监护； 6 编制应急预案，定期开展培训和应急演练		
应急处置措施	1 当事故发生，危险区域人员应紧急疏散，立即向现场负责人报告事故情况并履行紧急救助，不得盲目施救； 2 迅速将伤者移至安全地带，根据伤情严重情况进行紧急救护，必要时拨打"120"电话，或直接用车送至就近医院抢救、治疗（对受伤昏迷者可采取心肺复苏术以待专业医生救治）； 3 现场进行警戒，疏散现场无关人员		
报告电话	岗位负责人　1××××××××××		
应急电话	报警 110　医疗 120　火警 119		

图 8.1.1 SGGZK001

岗位风险告知卡

岗位名称	架 子 工		
本岗位涉及的危险源	1 脚手架工程	风险等级	一般风险
	2 模板支撑工程		较大风险
	3 模板拆除		重大风险
事故类型	高处坠落　物体打击　坍塌		
事故诱因	1 未持证上岗,患有高血压、心脏病、癫痫病以及不适于高处作业的人搭设脚手架; 2 酒后作业、疲劳作业、冒险蛮干; 3 未正确使用个人劳动防护用品,未佩戴安全带,未穿防滑鞋; 4 未按专项施工方案搭设模板支架 5 未制定落实应急预案,未组织培训和演练		
安全操作要点及风险防范	1 接受三级安全教育考核合格后方可上岗作业; 2 正确使用安全防护用品; 3 严格执行安全技术交底,按照专项安全技术措施并结合各种型式脚手架的安全技术规范来搭设; 4 遇高温、大雨、大雪、大雾、六级以上大风等恶劣天气应停止高处露天作业; 5 编制应急预案,定期组织培训和演练		
应急处置措施	1 当发现险情迹象,应根据险情采取有效措施,组织消险或主动预防避让; 2 当事故发生,应立即向现场负责人报告,迅速启动现场处置方案,不得盲目施救; 3 迅速将伤者移至安全地带,根据伤情严重情况进行紧急救护,必要时拨打"120"电话,或直接用车送至就近医院救治(对受伤昏迷者可采取心肺复苏术以待专业医生救治); 4 现场进行警戒,疏散现场无关人员		
报告电话	岗位负责人　1×××××××××××		
应急电话	报警110　医疗120　火警119		

图 8.1.2　SGGZK002

岗位风险告知卡

岗位名称	电 工		
本岗位涉及的危险源	1 焊接	风险等级	一般风险
	2 高压线		较大风险
	3 临时用电工程		重大风险
事故类型	触电 高处坠落		
事故诱因	1 配电线路未采用三级配电两级漏电保护； 2 安全距离不符合规范要求,且未采取防护措施； 3 临时用电系统未验收,未定期巡检、维修,未执行安全操作规程； 4 未正确使用防护用品,未持证上岗； 5 未制定落实应急预案,未组织培训和演练		
安全操作要点及风险防范	1 临时用电系统验收后投入使用,采用三级配电两级漏电保护,定期巡检、维修； 2 合理设置安全防护距离,采取有效防护措施； 3 正确使用防护用品,严禁违章指挥、违章操作、违反劳动纪律； 4 应持证上岗,严格执行安全操作规程； 5 编制应急预案,定期组织培训和演练		
应急处置措施	1 迅速切断电源,或者用绝缘物体挑开电线或带电物体,使伤者尽快脱离电源,立即向现场负责人报告事故情况,不得盲目施救； 2 将触电者移至安全地带,根据伤情严重情况进行紧急救护,必要时拨打"120"电话,或直接用车送至就近医院抢救、治疗（对受伤昏迷者可采取心肺复苏术以待专业医生救治）； 3 现场进行警戒,疏散现场无关人员		
报告电话	岗位负责人 1××××××××××		
应急电话	报警 110 医疗 120 火警 119		

图 8.1.3　SGGZK003

岗位风险告知卡

岗位名称	钢筋工		
本岗位涉及的危险源	1 焊接	风险等级	一般风险
	2 运输		较大风险
	3 加工机械		重大风险
事故类型	高处坠落　机械伤害　触电		
事故诱因	1 未遵守安全操作规程和规章制度,违规使用钢筋机械,乱拉乱接电线; 2 机械防护罩缺失,未落实安全措施后进行作业; 3 钢筋绑扎无可靠立足点,无操作平台; 4 设备无保护接地和安全防护装置,不满足安全相关要求; 5 高处作业未正确使用劳动防护用品,未佩戴安全带		
安全操作要点及风险防范	1 在高空、深坑绑扎钢筋和安装骨架,须搭设脚手架和马道,绑扎立柱、墙体钢筋,不准站在钢筋骨架上和攀登骨架上; 2 起吊钢筋骨架,下方禁止站人; 3 张拉钢筋,两端应设置防护挡板,钢筋张拉后要加以防护; 4 使用钢筋机前,应检查机械是否正常,转动部位的安全防护罩是否完整,进行空载运转,确认安全可靠后,方可作业; 5 正确使用劳动防护用品		
应急处置措施	1 当事故发生,危险区域人员应紧急疏散,立即向现场负责人报告事故情况并履行紧急救助,不得盲目施救; 2 迅速将伤者移至安全地带,根据伤情严重情况进行紧急救护,必要时拨打"120"电话,或直接用车送至就近医院抢救、治疗(对受伤昏迷者可采取心肺复苏术以待专业医生救治); 3 现场进行警戒,疏散现场无关人员		
报告电话	岗位负责人　1××××××××××		
应急电话	报警 110　医疗 120　火警 119		

图 8.1.4 SGGZK004

岗位风险告知卡

岗位名称	混凝土工		
本岗位涉及的危险源	1 浇筑	风险等级	一般风险
	2 混凝土拌合楼		较大风险
	3 临时用电工程		重大风险
事故类型	高处坠落　机械伤害　触电		
事故诱因	1 未正确使用劳动防护用品; 2 未对机械设备进行验收,安全装置失灵仍进行工作; 3 未按安全操作规程作业; 4 酒后作业、疲劳作业、冒险蛮干; 5 遇大风、浓雾和雨雪等恶劣天气时,未停止作业		
安全操作要点及风险防范	1 高处作业时,首先检查脚手架、马道平台、栏杆是否安全可靠,铺设的脚手板应固定不得悬空探头; 2 进仓操作时,应戴安全帽、穿胶靴并使用必要防护用品; 3 对机械设备、用电工具设备进行验收,严格按操作规程使用; 4 使用振动器前,应经电工检验确认安全后方可使用,开关箱内应装设触漏电保护器,插座插头应完好无损,电源线不得破皮漏电; 5 遇大风、浓雾和雨雪等恶劣天气时,按规定要求停止作业,做好防护		
应急处置措施	1 当发现险情迹象,应根据险情采取有效措施,组织消险或主动预防避让; 2 当险情扩大事故发生时,应立即向现场负责人报告,迅速启动现场处置方案,不得盲目施救; 3 迅速将伤者移至安全地带,根据伤情严重情况进行紧急救护,必要时拨打"120"电话,或直接用车送至就近医院救治(对受伤昏迷者可采取心肺复苏术以待专业医生救治); 4 现场进行警戒,疏散现场无关人员		
报告电话	岗位负责人　1×××××××××××		
应急电话	报警 110　医疗 120　火警 119		

图 8.1.5　SGGZK005

8.2　水利工程运行常见岗位风险告知卡

岗位风险告知卡

岗位名称	起重操作工		
本岗位涉及的危险源	1 行车	风险等级	较大风险
	2 配电设备		一般风险
事故类型	物体打击 起重伤害		
事故诱因	1 未开展经常性维护保养、自行检查和定期检验导致设备严重损坏； 2 作业人员违章指挥、违章操作、违反劳动纪律； 3 作业人员未正确使用防护用品； 4 作业人员未进行上岗培训，未持证上岗，未掌握设施设备的技术参数、运行要求和安全操作规程； 5 未严格执行"十不吊"要求，工作前未对安全防护装置进行检查，工作结束后吊钩未归至规定位置； 6 非工作人员未经许可进入作业区域； 7 未制定落实应急预案，未组织演练		
安全操作要点及风险防范	1 做好起重机经常性维护保养、自行检查和定期检验； 2 严禁违反劳动纪律、违章作业和违章指挥； 3 按规定使用安全防护用品，安全防护用具应经常检查和定期试验，其检查试验的要求和周期应符合有关规定； 4 作业人员应进行上岗培训，并应持证上岗，作业人员应熟练掌握设施设备的技术参数、运行要求和安全操作规程； 5 起重作业严格执行"十不吊"，工作前检查吊索具、限位器、联锁装置等安全防护装置，确保有效可靠工作，工作结束后应将吊钩起升到规定位置，切断电源； 6 未经许可禁止进入作业区域； 7 编制应急预案并报有关部门批准，定期开展培训和应急演练		
应急处置措施	1 当发生险情时，应及时切断电源停止作业消险； 2 当险情扩大，应迅速启动相关应急预案，立即向相关部门汇报，紧急疏散危险区域人员； 3 出现人员伤亡时，根据伤情严重情况进行紧急救护，必要时拨打"120"医疗救援电话，尽快就医		
报告电话	岗位责任人 1×××××××××××		
应急电话	报警 110 医疗 120 火警 119		

图 8.2.1　YXGZK001

岗位风险告知卡

岗位名称	闸门运行工		
本岗位涉及的危险源	1 闸门	风险等级	低风险
	2 启闭机		较大风险
	3 配电设备		一般风险
事故类型	物体打击 机械伤害 触电 淹溺		
事故诱因	1 运行前未按规定开展巡视检查; 2 作业人员违章指挥、违章操作、违反劳动纪律; 3 作业人员未正确使用防护用品; 4 作业人员未进行上岗培训; 5 未掌握设施设备的技术参数、运行要求和安全操作规程		
安全操作要点及风险防范	1 运行期间按规定开展巡视检查; 2 严禁违反劳动纪律、违章作业和违章指挥,合理设置安全防护距离,严格执行两票三制; 3 按规定使用安全防护用品,安全防护用具应经常检查和定期试验,其检查试验的要求和周期应符合有关规定; 4 作业人员应进行上岗培训,并应持证上岗; 5 作业人员应熟练掌握设施设备的技术参数、运行要求和安全操作规程		
应急处置措施	1 当发生险情时,应及时切断电源停止作业消险; 2 当险情扩大,应迅速启动相关应急预案,立即向相关部门汇报,紧急疏散危险区域人员; 3 出现人员伤亡时,根据伤情严重情况进行紧急救护,必要时拨打"120"医疗救援电话,尽快就医		
报告电话	岗位责任人 1××××××××××		
应急电话	报警 110 医疗 120 火警 119		

图 8.2.2　YXGZK002

岗位风险告知卡

岗位名称	泵站运行工		
本岗位涉及的危险源	1 主水泵	风险等级	一般风险
	2 电动机		较大风险
	3 高低压配电设备		重大风险
事故类型	物体打击 机械伤害 触电 淹溺		
事故诱因	1 运行前未按规定开展巡视检查; 2 作业人员违章指挥、违章操作、违反劳动纪律; 3 作业人员未正确使用防护用品; 4 作业人员未进行上岗培训; 5 未掌握设施设备的技术参数、运行要求和安全操作规程		
安全操作要点及风险防范	1 运行期间按规定开展巡视检查; 2 严禁违反劳动纪律、违章作业和违章指挥,合理设置安全防护距离,严格执行两票三制; 3 按规定使用安全防护用品,安全防护用具应经常检查和定期试验,其检查试验的要求和周期应符合有关规定; 4 作业人员应进行上岗培训,并应持证上岗; 5 作业人员应熟练掌握设施设备的技术参数、运行要求和安全操作规程		
应急处置措施	1 当发生险情时,应及时切断电源停止作业消险; 2 当险情扩大,应迅速启动相关应急预案,立即向相关部门汇报,紧急疏散危险区域人员; 3 出现火情时,及时使用消防器材灭火或拨打火警电话"119",出现人员伤亡时,根据伤情严重情况进行紧急救护,必要时拨打"120"医疗救援电话,尽快就医		
报告电话	岗位责任人 1××××××××××		
应急电话	报警 110 医疗 120 火警 119		

图 8.2.3 YXGZK003

岗位风险告知卡

岗位名称	高压电工		
本岗位涉及的危险源	高压配电设备	风险等级	较大风险
事故类型	触电 灼烫 火灾 其它爆炸		
事故诱因	1 防护距离不够、违章操作； 2 未正确使用防护用品； 3 未进行上岗培训、未持证上岗； 4 未掌握设施设备的技术参数、运行要求和安全操作规程； 5 未制定落实应急预案,未组织演练		
安全操作要点及风险防范	1 严禁违反劳动纪律、违章作业和违章指挥,合理设置安全防护距离,严格执行两票三制； 2 按规定使用安全防护用品,安全防护用具应经常检查和定期试验,其检查试验的要求和周期应符合有关规定； 3 作业人员应进行上岗培训,并应持证上岗； 4 作业人员应熟练掌握设施设备的技术参数、运行要求和安全操作规程； 5 编制应急预案,定期组织演练		
应急处置措施	1 当发生险情时,应及时切断电源停止作业消险； 2 当险情扩大,应迅速启动相关应急预案,立即向相关部门汇报,紧急疏散危险区域人员； 3 出现火情时,及时使用消防器材灭火或拨打火警电话"119",出现人员伤亡时,根据伤情严重情况进行紧急救护,必要时拨打"120"医疗救援电话,尽快就医		
报告电话	岗位责任人 1×××××××××××		
应急电话	报警 110 医疗 120 火警 119		

图 8.2.4　YXGZK004

岗位风险告知卡

岗位名称	低压电工		
本岗位涉及的危险源	低压配电设备	风险等级	一般风险
事故类型	触电 灼烫 火灾		
事故诱因	1 防护距离不够、违章操作; 2 未正确使用防护用品; 3 未进行上岗培训、未持证上岗; 4 未掌握设施设备的技术参数、运行要求和安全操作规程; 5 未制定落实应急预案,未组织演练		
安全操作要点及风险防范	1 严禁违反劳动纪律、违章作业和违章指挥,合理设置安全防护距离,严格执行两票三制; 2 按规定使用安全防护用品,安全防护用具应经常检查和定期试验,其检查试验的要求和周期应符合有关规定; 3 作业人员应进行上岗培训,并应持证上岗; 4 作业人员应熟练掌握设施设备的技术参数、运行要求和安全操作规程; 5 编制应急预案,定期组织演练		
应急处置措施	1 当发生险情时,应及时切断电源停止作业消险; 2 当险情扩大,应迅速启动相关应急预案,立即向相关部门汇报,紧急疏散危险区域人员; 3 出现火情时,及时使用消防器材灭火或拨打火警电话"119",出现人员伤亡时,根据伤情严重情况进行紧急救护,必要时拨打"120"医疗救援电话,尽快就医		
报告电话	岗位责任人 1××××××××××		
应急电话	报警 110 医疗 120 火警 119		

图 8.2.5 YXGZK005

附 录 A

（资料性附录）

安全风险公告牌版面布局样式（工程施工）

图 A.1 给出了横向长方形安全风险公告牌版面布局样式；

图 A.2 给出了竖向长方形安全风险公告牌版面布局样式；

图 A.3 给出了横向长方形安全风险公告栏版面布局样式；

图 A.4 给出了横向长方形安全风险空间分布图版面布局样式；

图 A.5 给出了竖向长方形岗位风险告知卡版面布局样式。

安全风险公告牌

危 险 源	滑坡地段的开挖	事故类型	事故诱因
级 别	重大危险源		1 未编制专项施工方案或方案未按规定进行审查论证； 2 未按审批的方案实施或擅自修改方案，未对方案实施情况进行监督巡查； 3 未按规定进行安全技术交底，未落实安全防范措施； 4 未对机械设备进行进场验收，未按安全操作规程作业，未持证上岗； 5 未配备或未正确使用劳动防护用品； 6 未设置必要的安全围栏和警示标志，无专职人员监护
风险等级	重大风险	1 坍塌 2 物体打击 3 机械伤害	
位 置			
评价时间			
安全标志			管控措施
			1 编制专项施工方案，按规定进行审查论证； 2 严格按审批的方案组织实施，并对方案的落实情况进行检查； 3 组织安全技术交底，落实安全防范措施； 4 严格执行机械设备进场验收，严格执行安全操作规程，按规定持证上岗； 5 应按作业要求配备和正确使用劳动防护用品； 6 设置必要的安全围栏和警示标志，安排专职人员监护
分级管控			应急措施
责任单位	项目法人	监理单位	施工单位
责任人			
联系电话			1 当发现险情迹象，应根据险情采取有效措施，组织消险或主动预防避让； 2 当险情扩大事故发生时，应立即向现场负责人报告，迅速启动现场处置方案，不得盲目施救； 3 迅速将伤者移至安全地带，根据伤情严重情况进行紧急救护，必要时拨打"120"电话，或直接用车送至就近医院救治（对受伤昏迷者可采取心肺复苏术以待专业医生救治； 4 现场进行警戒，疏散现场无关人员

安全标志：当心塌方、当心落物、当心机械伤人、当心触电、禁止堆放、必须戴安全帽、必须持证上岗

图 A.1　横向长方形安全风险公告牌版面布局样式

安全风险公告牌

危险源	截流工程	事故类型	事故诱因
级　　别	一般危险源	1 溺水 2 坍塌 3 车辆伤害	1 未按照经批准的设计文件施工,变更设计未按规定程序报批; 2 未详细分析施工中可能存在(或产生)的不利于施工安全和工程质量的因素,未制定相应措施; 3 未按要求编制施工组织设计; 4 围堰型式、布置、结构设计、堰基处理不符合规范要求
风险等级	(一般风险～重大风险)		
位　　置			
评价时间			
安全标志		**管控措施**	
 当心落水　当心塌方　当心车辆　必须穿救生衣			1 应按照经批准的设计文件施工,变更设计应按规定程序报批; 2 详细分析施工中可能存在(或产生)的不利于施工安全和工程质量的因素,并制定相应措施; 3 按要求编制施工组织设计,可分段或分项编制,跨年度工程应分年编制; 4 按照专项施工方案填筑围堰,确保质量
分级管控			**应急措施**
责任单位	项目法人	监理单位	施工单位
责任人			
联系电话			

(应急措施栏内容:)
1 当发现险情迹象,应根据险情采取有效措施,组织消险或主动预防避让;
2 当险情扩大事故发生时,应立即向现场负责人报告,迅速启动现场处置方案,不得盲目施救;
3 根据伤情严重情况进行紧急救护,必要时拨打"120"电话,或直接用车送至就近医院救治(对受伤昏迷者可采取心肺复苏术以待专业医生救治);
4 现场进行警戒,疏散现场无关人员

图 A.2　竖向长方形安全风险公告牌版面布局样式

安全风险公告栏

序号	危险源	位置	类别	级别	风险等级	责任人
报告电话			应急电话		评价时间	

注:主要填写风险等级为重大风险和较大风险的危险源

图 A. 3　横向长方形安全风险公告栏版面布局样式

安全风险空间分布图

图例:重大风险■　较大风险■　一般风险■　低风险■

备注:本图按工程实际施工危险源辨识、安全风险评价结果绘制

图 A. 4　横向长方形安全风险空间分布图版面布局样式

岗位风险告知卡

岗位名称	起重操作工		
本岗位涉及的危险源	1 金属结构安装	风险等级	一般风险
	2 大型施工机械的安装、运行及拆卸		较大风险
	3 起重机械设备自身的安装拆卸作业		重大风险
事故类型	高处坠落　起重伤害　触电		
事故诱因	1 未开展经常性维护保养、自行检查和定期检验导致设备严重损坏； 2 作业人员违章指挥、违章操作、违反劳动纪律； 3 作业人员未正确使用防护用品； 4 作业人员未持证上岗，未严格执行安全操作规程，未执行"十不吊"要求； 5 未设置作业警戒区域，无安全标志，无专人监护； 6 未制定落实应急预案，未组织培训和演练		
安全操作要点及风险防范	1 做好起重机械经常性维护保养、自行检查和定期检验； 2 严禁违章指挥、违章操作、违反劳动纪律； 3 按规定使用安全防护用品； 4 作业人员应岗前培训，并应持证上岗，起重作业严格执行"十不吊"； 5 设置作业警戒区域，悬挂安全标志，明确专人监护； 6 编制应急预案，定期开展培训和应急演练		
应急处置措施	1 当事故发生，危险区域人员应紧急疏散，立即向现场负责人报告事故情况并履行紧急救助，不得盲目施救； 2 迅速将伤者移至安全地带，根据伤情严重情况进行紧急救护，必要时拨打"120"电话，或直接用车送至就近医院抢救、治疗（对受伤昏迷者可采取心肺复苏术以待专业医生救治）； 3 现场进行警戒，疏散现场无关人员		
报告电话	岗位负责人　1××××××××××		
应急电话	报警 110　医疗 120　火警 119		

图 A.5　竖向长方形岗位风险告知卡版面布局样式

附 录 B

（资料性附录）

安全风险公告牌版面布局样式（运行管理）

图 B.1 给出了横向长方形安全风险公告牌版面布局样式；

图 B.2 给出了竖向长方形安全风险公告牌版面布局样式；

图 B.3 给出了横向长方形安全风险公告栏版面布局样式；

图 B.4 给出了横向长方形安全风险空间分布图版面布局样式；

图 B.5 给出了竖向长方形岗位风险告知卡版面布局样式。

安全风险公告牌

危险源	变压器	事故类型	事故诱因
级别	一般危险源	1 触电 2 灼烫 3 火灾 4 其它爆炸	1 油品质不符合要求，裸露带电导体与周边的安全净距不满足要求，保护及冷却装置故障，套管或支撑绝缘子损坏导致设备损坏、爆炸、触电； 2 设备过负荷运行，绝缘不符合要求； 3 存在指挥错误，操作错误，监护失误，无证操作，防护缺陷等管理失误； 4 非工作人员未经许可进入变压器室； 5 未严格执行高压设备不停电安全距离
风险等级	（低风险~重大风险）		
位置	变压器室		
评价时间			

安全标志：当心火灾 当心触电 当心爆炸 禁止烟火 禁止用水灭火 禁止吸烟 禁止用水灭火 必须接地 必须培训上岗

管控措施
1 编制应急预案并报有关部门批准，定期开展培训和应急演练；
2 值班人员应严格按照流程及标准巡视检查；
3 设备不宜在过负荷的情况下运行；
4 运行、检修人员应持证上岗并严格执行操作规程；
5 非工作人员未经许可禁止进入变压器室；
6 ××kV高压设备不停电时的安全距离为××m

应急措施
1 发现设备缺陷或异常运行情况，应立即停止设备运行，尽快组织检修排除故障；
2 当险情扩大、发生事故后应迅速启动相关应急预案，立即向相关部门汇报，紧急疏散危险区域人员；
3 出现火情时，及时使用消防器材灭火或拨打火警电话"119"，出现人员伤亡时，根据伤情严重情况进行紧急救护，必要时拨打"120"电话，尽快就医

分级管控

	管理单位	基层站所	班组	岗位
责任单位				
责任人				

报告电话：基层站所值班电话：
管理单位值班电话：

图 B.1　横向长方形安全风险公告牌版面布局样式

安全风险公告牌

危 险 源	变压器	事 故 类 型	事故诱因
级　　别	一般危险源	1 触电 2 灼烫 3 火灾 4 其它爆炸	1 油品质不符合要求,裸露带电导体与周边的安全净距不满足要求,保护及冷却装置故障,套管或支撑绝缘子损坏导致设备损坏、爆炸、触电; 2 设备过负荷运行; 3 存在指挥错误、操作错误、监护失误、无证操作、防护缺陷等管理失误; 4 非工作人员未经许可进入变压器室; 5 未严格执行高压设备不停电安全距离
风险等级	(低风险～重大风险)		
位　　置	变压器室		
评价时间			
安全标志		**管控措施**	
		1 编制应急预案并报有关部门批准,定期开展培训和应急演练; 2 值班人员应严格按照流程及标准巡视检查; 3 设备不宜在过负荷的情况下运行; 4 运行、检修人员应持证上岗并严格执行操作规程; 5 非工作人员未经许可禁止进入变压器室; 6 ×× kV 高压设备不停电时的安全距离为×× m	

应急联系方式					应急措施
责任单位	管理单位	基层站所	班组	岗位	1 发现设备缺陷或异常运行情况,应立即停止设备运行,尽快组织检修排除故障; 2 当险情扩大,应迅速启动相关应急预案,立即向相关部门汇报,紧急疏散危险区域人员; 3 出现火情时,及时使用消防器材灭火或拨打火警电话"119",出现人员伤亡时,根据伤情严重情况进行紧急救护,必要时拨打"120"电话,尽快就医
责 任 人					
报告电话	基层站所值班电话: 管理单位值班电话:				

图 B.2　竖向长方形安全风险公告牌版面布局样式

安全风险公告栏

序号	危险源	位置	类别	级别	风险等级	责任人
报告电话	基层单位值班电话： 管理单位值班电话：		应急电话		评价时间	

注：主要填写风险等级为重大风险和较大风险的危险源

图B.3 横向长方形安全风险公告栏版面布局样式

安全风险空间分布图

主厂房一层

图B.4 横向长方形安全风险空间分布图版面布局样式

岗位风险告知卡

岗位名称	低压电工		
本岗位涉及的危险源	低压配电设备	风险等级	一般风险
事故类型	触电 灼烫 火灾		
事故诱因	1 防护距离不够,违章操作; 2 未正确使用防护用品; 3 未进行上岗培训、未持证上岗; 4 未掌握设施设备的技术参数、运行要求和安全操作规程; 5 未制定落实应急预案,未组织演练		
安全操作要点及风险防范	1 严禁违反劳动纪律、违章作业和违章指挥,合理设置安全防护距离,严格执行两票三制; 2 按规定使用安全防护用品,安全防护用具应经常检查和定期试验,其检查试验的要求和周期应符合有关规定; 3 作业人员应进行上岗培训,并应持证上岗; 4 作业人员应熟练掌握设施设备的技术参数、运行要求和安全操作规程; 5 编制应急预案,定期组织演练		
应急处置措施	1 当发生险情时,应及时切断电源停止作业消险; 2 当险情扩大,应迅速启动相关应急预案,立即向相关部门汇报,紧急疏散危险区域人员; 3 出现火情时,及时使用消防器材灭火或拨打火警电话"119",出现人员伤亡时,根据伤情严重情况进行紧急救护,必要时拨打"120"医疗救援电话,尽快就医		
报告电话	岗位责任人 1×××××××××××		
应急电话	报警 110 医疗 120 火警 119		

图 B.5 竖向长方形岗位风险告知卡版面布局样式

《江苏省水利工程安全风险公告牌图集》订阅单

单位名称		邮编	
详细地址			
收件人		电话(手机)	
征订数量(本)		单价(元)	160
合计金额	人民币(大写): 仟 百 拾 元 ¥_____		

收款单位:江苏省水利建设工程有限公司 开 户 行:建设银行扬州分行琼花支行 账 号:91320000134735697 地 址:扬州市广陵产业园 电 话:0514-87361764 传 真:0514-87348203 联 系 人:徐红兵 手 机:18952781301	订阅单位:(盖章) 法定代表人(或授权人)签字:

填写日期: 20 年 月 日

银行转账凭证拍照发送至邮箱:29614800@qq.com,以便及时开票、发货。